山西省基础研究计划（自由探索类）青年项目——高应力小煤柱巷道顶板非贯通预裂卸压机理及动力灾害防控（202303021212303）资助
晋城市重点研发计划（高新领域）项目——重复采动小煤柱巷道钢管混凝土柱-非贯通预裂协同控制机理（20230101）资助
山西省博士来晋工作科研启动项目资助
山西科技学院高层次人才科研启动项目——深部应力叠加小煤柱巷道顶板非贯通预裂卸压机理研究（2023010）资助

# 应力叠加小煤柱巷道顶板非贯通预裂围岩变形机理及应用

### 成世兴　著

中国矿业大学出版社

·徐州·

## 内 容 简 介

小煤柱护巷同时准备两个回采工作面,可以有效缓解煤矿采掘接替紧张、提高煤炭采出量、推进煤炭资源绿色高效开发。然而,小煤柱承受两侧巷道掘进和工作面回采四次动压影响,稳定性控制困难。超前深孔非贯通定向预裂可在小煤柱巷道顶板形成非贯通裂缝,优化了采动影响下高应力小煤柱巷道顶板结构,实现了采动影响下高应力小煤柱巷道的稳定控制。本书综合采用实验室试验、理论分析、数值计算、相似模拟和现场试验等手段,对非贯通预裂顶板结构演化、预裂爆破裂缝扩展及控制、顶板非贯通预裂围岩变形机理等问题进行了系统研究。相关研究成果对小煤柱巷道维护方法和工艺的改进具有重要的理论价值和实践意义。

本书可供从事采矿工程、地质工程、矿山安全及岩石力学与工程等专业的科技工作者、研究生和本科生使用。

**图书在版编目(CIP)数据**

应力叠加小煤柱巷道顶板非贯通预裂围岩变形机理及

应用 / 成世兴著. — 徐州 : 中国矿业大学出版社,

2024. 10. — ISBN 978-7-5646-6339-1

Ⅰ. TD322

中国国家版本馆 CIP 数据核字第 2024NJ5009 号


| 书　　名 | 应力叠加小煤柱巷道顶板非贯通预裂围岩变形机理及应用 |
|---|---|
| 著　　者 | 成世兴 |
| 责任编辑 | 陈　慧 |
| 出版发行 | 中国矿业大学出版社有限责任公司 |
| | (江苏省徐州市解放南路　邮编 221008) |
| 营销热线 | (0516)83885370　83884103 |
| 出版服务 | (0516)83995789　83884920 |
| 网　　址 | http://www.cumtp.com　E-mail:cumtpvip@cumtp.com |
| 印　　刷 | 苏州市古得堡数码印刷有限公司 |
| 开　　本 | 850 mm×1168 mm　1/32　**印张** 8.25　**字数** 215 千字 |
| 版次印次 | 2024 年 10 月第 1 版　2024 年 10 月第 1 次印刷 |
| 定　　价 | 36.00 元 |

(图书出现印装质量问题,本社负责调换)

# 前　言

　　留区段煤柱护巷是煤矿井下回采巷道的主要护巷方式之一,由此造成的煤炭损失量约占采区煤炭损失量的 40%,造成了大量的资源浪费,小煤柱护巷技术的发展为解决这一问题提供了有效途径。但小煤柱沿空掘巷虽然可以大幅提高煤炭资源回收率,却由于承载能力弱,需要避开高应力对巷道的影响,在邻近采空区充分垮落稳定后进行掘进,由此造成了孤岛面开采、采掘接替紧张等问题,影响了矿井的高效生产。采用留小煤柱护巷同时准备两个回采工作面,可以缓解煤矿采掘接替紧张。但是,当工作面回采时,相邻面巷道将承受回采动压的影响,导致巷道矿压显现剧烈。另外,小煤柱承受巷道掘进和工作面回采四次采动影响,收敛变形量持续增大,煤柱稳定性控制困难,维护成本增加。在顶板实施预裂卸压,可以有效降低小煤柱巷道压力,减小巷道变形量。

　　传统的预裂爆破切顶技术预制连续的贯通裂缝,在高应力小煤柱巷道顶板结构控制工程中产生了严重的端头围岩变形,给工作面生产带来了巨大的安全隐患；并且，跟进工作面打孔爆破的施工方法造成了工序复杂、设备转移困难等问题，影响了工作面的高效推进。超前深孔非贯通定向预裂是在小煤柱巷道顶板形成非贯通裂缝，既保证了工作面端头维护效果，又优化了小煤柱巷道顶板结构，从而实现采动影响下高应力小煤柱巷道的稳定性控制。本书针对工作面回采时小煤柱巷道收敛变形剧烈问题，对应力叠加小煤柱巷道顶板非贯通预裂围岩变形机理及应用进行系统介绍，本书主要内容包括：煤岩物理力学参数及动力响应、非贯通预裂顶板变形力学分析、顶板非贯通预裂围岩卸压机理、非贯通预裂覆岩运移破断规律、预裂爆破裂缝扩展规律及控制、小煤柱巷道稳定控制现场试验。

感谢中国矿业大学马占国教授、龚鹏副教授对本书给予的支持和帮助。感谢课题组博士杨党委、刘飞、戚福周、李宁、王拓、刘子璐、严鹏飞、周凤羽等在本书写作和试验方面的指导；感谢课题组硕士崔楠、刘道平、郭树海、胡俊、苏阳、张敏超、黄镇、陈永珩、徐磊、黎科龙、刘旺、陈韬、和泽欣、徐敏、储璐、胡思源等在本书试验、数据处理、插图绘制和文字校对等工作中给予的帮助。感谢山西潞安集团王庄煤矿领导和工程技术人员在现场实践中给予的支持与配合。

感谢书中所引用文献的作者。

本书受以下基金课题联合资助：山西省基础研究计划（自由探索类）青年项目——高应力小煤柱巷道顶板非贯通预裂卸

压机理及动力灾害防控(202303021212303),晋城市重点研发计划(高新领域)项目——重复采动小煤柱巷道钢管混凝土柱—非贯通预裂协同控制机理(20230101),山西省博士来晋工作科研启动项目,山西科技学院高层次人才科研启动项目——深部应力叠加小煤柱巷道顶板非贯通预裂卸压机理研究(2023010)。

本书能够满足读者对小煤柱巷道维护理论与技术的需求,并为进一步的研究和探讨提供有价值的参考。由于作者学识所限,本书难免存在疏漏、缺陷和错误,恳请有关同行专家和读者批评指正,提出宝贵意见,以便笔者不断改进和完善。

**著 者**

2024 年 7 月

# 目　　录

目　录

# 1　绪　论

## 1.1　研究背景和意义

我国《"十四五"能源领域科技创新规划》[1-2]中指出,要"突破强采动大变形围岩控制技术""开展高地应力采场围岩综合控制技术研究"。实现煤炭资源安全高效回采对于国民经济又好又快发展具有重要的意义[3-8]。留区段煤柱护巷[9-16]是煤矿井下回采巷道的主要护巷方式之一,由此造成的煤炭损失量约占采区煤炭损失量的 40%[17-19],造成了大量的资源浪费,小煤柱护巷技术的发展为解决这一问题提供了有效途径。

小煤柱沿空掘巷虽然可以大幅提高煤炭资源回收率[20-22],然而,由于承载能力弱,采用小煤柱护巷需要避开高应力对巷道的影响,在邻近采空区充分垮落稳定后进行掘进[23-27]。由此造成了孤岛面开采、采掘接替紧张等问题[28-33],影响了矿井高效生产。采用留小煤柱护巷同时准备两个回采工作面(图 1-1),可以缓解煤矿采掘接替紧张[34-39]。但是,当工作面回采时,相邻面巷道将承受回采动压的影响,导致巷道矿压显现剧烈[40-43]。另外,小煤柱承受巷道掘进和工作面回采四次采动影响,收敛变形量持续增大[44-46],煤柱稳定性控制困难,维护成本增加。在顶板实施预裂卸压,可以有效降低小煤柱巷道压力,减小巷道变形量。

传统的预裂爆破切顶技术预制连续的贯通裂缝,在高应力小

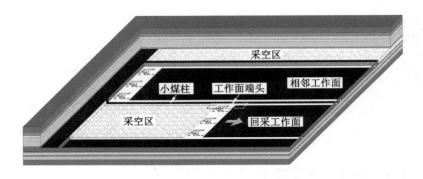

图 1-1 留小煤柱护巷示意图

煤柱巷道顶板结构控制工程中产生了严重的端头围岩变形,给工作面生产带来了巨大的安全隐患;并且,跟进工作面打孔爆破的施工方法造成了工序复杂、设备转移困难等问题,影响了工作面的高效推进。超前深孔非贯通定向预裂是在小煤柱巷道顶板形成非贯通裂缝(图 1-2),既保证了工作面端头维护效果,又优化了小煤柱巷道顶板结构,从而实现采动影响下高应力小煤柱巷道的稳定性控制。本书研究成果将为应力叠加小煤柱工作面采掘接

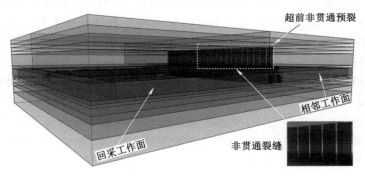

图 1-2 顶板超前非贯通预裂示意图

替、围岩控制、顶板管理等相关设计提供依据,对小煤柱巷道维护方法和工艺的改进具有重要的理论价值和实践意义。

## 1.2 国内外研究现状

### 1.2.1 小煤柱巷道稳定性研究现状

在煤矿井下各类事故中,顶板事故起数比例和死亡人数比例都位居首位[47-51]。因此,巷道顶板稳定性控制对于煤矿安全具有重要的意义。工作面回采后采空侧基本顶侧向回转,回转基本顶施加载荷使得小煤柱巷道的变形持续增大,国内外学者在小煤柱巷道围岩破坏规律、小煤柱稳定性控制理论与技术等方面开展了研究工作。

小煤柱护巷同时准备两个工作面[52]有利于采掘接替,满足高强度开采的需求。当工作面回采时,相邻面小煤柱巷道变形量大。针对小煤柱巷道变形及围岩控制技术,相关学者展开了系统研究。杨凯等[53]研究了采动影响下两侧巷道围岩应力、变形破坏的分区差异化规律,提出了双巷底角锚杆和帮锚索差异支护方法,并验证了小煤柱双巷布置差异化支护技术及其参数的可靠性。吴林[54]研究了双巷布置两侧工作面一次采动与二次采动期间围岩主应力、塑性区、位移阶段变化特征,揭示了巷道阶段性变形破坏演化规律,提出了相邻工作面巷道的分阶段控制技术及参数。余学义等[55]研究了双巷掘进和两侧工作面回采过程中巷间煤柱的破坏规律,对采动影响后煤柱的破坏区域进行了划分;研究了两次采动影响下不同尺寸煤柱的应力演化、塑性区发育和巷道变形规律,确定了大采高双巷布置工作面巷间煤柱的尺寸为10 m。王志强等[56-57]针对超长工作面双巷布置巷道支护难度大以及孤岛面易引发动力灾害的问题,提出了超长工作面双巷布置沿空掘巷顺采法,并结合工程背景研究了大、小煤柱尺寸,掘巷滞后本工作面与超前接续工作面的距离。申乾[58]针对坚硬顶板双巷掘进区段窄煤柱稳定控制,研究了密集卸压钻孔的角度和深度对窄煤柱塑性区范围、破坏形式和垂直应力分布的影响,提出了"密集钻孔弱化顶板卸压、顶锚索补强和窄煤柱对穿锚索补强"的窄煤柱稳定控制技术。王琦等[59]针对厚煤层综放双巷布置工作面巷间煤柱宽度,研究了一次采动影响后巷间煤柱的破坏范围,得到了巷间煤柱宽度应小于最大临界尺寸的结论,确定了厚煤层综放双巷布置工作面巷间煤柱宽度为 8 m。万正海[60]为解决厚煤层顺序回采时双巷布置沿空巷道围岩变形大的问题,研究了双巷掘进阶段和两个工作面回采阶段巷道的变形特征、塑性区范围以及煤柱上应力分布规律,提出了锚索和钢筋梯子梁补强加固方案。赵宝福[61]研究了西部地区浅埋煤层双巷布置工作面回采后上覆岩层空间结构,分析了双巷掘进期间、一次采动期间以及二次采动期间巷道围岩应力分布特征,研究了支护参数对巷道围岩控制效果的影响。文献[62]~[66]针对具体工程概况,计算了煤柱内塑性区和弹性区宽度,初步确定了煤柱尺寸;采用数值模拟的方法研究了双巷掘进期间和两侧工作面回采期间煤柱尺寸对围岩应力分布、塑性区发育及变形的影响,综合理论分析和数值计算的结果得到了双巷间合理的区段煤柱尺寸。

综上,国内外学者主要研究了小煤柱两侧巷道掘进和工作面回采时小煤柱巷道围岩变形规律,确定了巷间合理煤柱尺寸,揭示了双巷布置小煤柱巷道围岩变形机理。根据小煤柱巷道围岩变形特征,设计了小煤柱巷道锚网索支护技术,并提出了巷道加强支护措施。

小煤柱沿空掘巷是指工作面采空区垮落稳定后,沿采空区边缘留小煤柱掘进相邻工作面巷道[67-70]。然而,小煤柱沿空掘巷巷道在掘进和回采过程中存在变形大的问题[71],在小煤柱沿空掘巷巷道稳定性方面国内外学者进行了大量的研究。Peng[72-73]研究了长壁开采中煤柱的布置和支护方法,分析了煤柱上的应力分布,总结了小煤柱巷道的加固方法,包括锚杆、锚索、钢梁配合单体柱、木垛、注浆等,提高巷道围岩承载力。Wattimena 等[74]推导了给定宽高比和强度应力比下预测煤柱稳定的逻辑回归模型,并将其应用到煤柱失稳的预测中。Liu 等[75]采用钻孔窥视的方法分析了煤柱破坏特征,提出了顶板预裂切顶、锚杆加固和长-短锚索注浆控制煤柱稳定性的措施。李季[76]研究了窄煤柱巷道围岩主应力和蝶形破坏区形态的影响因素,得到了窄煤柱巷道不对称破坏规律,提出了基于蝶形塑性区破坏的巷道柔性控制技术。Li 等[77]研究了煤柱的基本力学结构及其弱化破坏特征,评价了沿空小煤柱巷道高强高预紧力锚杆的支护效果。张广超[78]针对综放沿空巷道顶板不对称变形,分析了顶板煤岩和支护体不对称变形的影响因素,确定了顶板煤岩体的失稳准则,揭示了顶板不对称破坏机理,提出了综放沿空巷道顶板的新型锚索桁架控制技术。Zhang 等[79]研究了小煤柱的内部变形和残余载荷强度,提出了垮落区锚固、裂隙区控制和稳定区注浆的小煤柱稳定性控制方法。张蓓[80]研究了工作面回采过程中基本顶破断结构以及对沿空巷道围岩应力的扰动规律,分析了沿空掘巷煤柱尺寸对基本顶侧向破断形式的影响,揭示了煤柱受力特征和变形机理,形成了基于小煤柱中性面的全塑性强化控制技术。Qin 等[81]提出了考虑顶板沉降、煤柱变形、声发射监测的非线性动力学理论模型,利用该模型对煤爆进行了预测。Zha 等[82]分析了小煤柱沿空掘巷围岩变形规律,研究了煤柱尺寸和沿空巷道滞后掘进时间对小煤柱沿空巷道稳定性的影响。

综上,小煤柱沿空掘巷研究主要集中在掘巷巷道变形规律,探讨了小煤柱巷道非对称变形特征,根据不同塑性区破坏特征提出了高强高预紧力锚杆索支护和注浆加固等相应的控制方法,提高了小煤柱沿空掘巷巷道围岩的承载力,减小了巷道变形。

## 1.2.2　深孔定向预裂卸压研究现状

随着开采强度的增加,小煤柱巷道加强支护的方法很难满足安全高效回采的要求,有学者提出了深孔定向预裂卸压的方法。深孔定向预裂爆破使得采空区顶板覆岩及时垮落,减小了采空侧扰动应力对小煤柱的影响,缩短了采空区垮落稳定的时间。

在小煤柱巷道深孔定向预裂卸压研究方面,张百胜等[83]研究了大采高留小煤柱沿空掘巷切顶卸压机理与围岩控制技术,得到了切顶卸压改变了基本顶断裂位置,控制了基本顶断裂结构的结论,确定了切顶角度、切顶深度、切顶孔间距等切顶卸压关键参数。刘志刚等[84-89]分析了坚硬顶板宽煤柱条件下矿压显现形式,提出了侧向多层悬顶形态;建立了爆破动载下数值模型,阐明了介质属性、承压特性、装药量等参数对爆破诱能的影响规律;分析了切顶参数对采场应力分布的影响,得到了上区段巷道顶板、本回采面顶板和护巷煤柱顶板的预裂钻孔参数。刘正和等[90-92]提出了预裂爆破切缝弱化采动应力传递的方法,从而转移煤柱上集中应力,系统研究了切缝对顶板结构、岩层运移破断的影响,得到了切缝深度与煤柱垂直应力的关系,揭示了预裂爆破切缝弱化应力传递减小煤柱宽度机理。戚福周等[93-97]探讨了顶板预裂对沿空掘巷巷道的卸压作用,研究了预裂后采空侧顶板应力和能量分布,分析了煤柱宽度对沿空掘巷巷道围岩变形的影响,提出了预裂切顶沿空掘巷巷道围岩控制方法。卜若迪[98]研究了硬厚顶板条件下沿空巷道围岩应力分布特征和变形破坏规律,提出了高应力强扰动下"切顶卸压+锚固"围岩稳定性控制技术。杨亮[99]构建了采空侧顶板切顶沿空掘巷力学模型,得到了煤层埋深、小煤柱高度和侧压系数等对小煤柱尺寸的影响;建立了采空侧切顶沿空掘巷数值计算模型,得到了采空侧顶板切顶对煤柱内部应力分布、围岩变形及塑性区发育的影响规律。Xiang 等[100]研究了特厚煤层坚硬条件下巷道矿压显现规律,提出了深孔预裂爆破应力释放和长柔性锚杆加强支护巷道控制方案。

综上,在小煤柱沿空掘巷切顶卸压中,深孔定向预裂卸压在顶板形成了连续的贯通裂缝,学者们研究了深孔预裂卸压形成贯通裂缝对巷道围岩变形的影响规律,但针对小煤柱护巷准备两个工作面,深孔定向预裂卸压保护小煤柱巷道的研究较少。目前研究主要集中在预裂爆破贯通裂缝卸压方面,当深孔定向预裂形成非贯通裂缝时,小煤柱巷道非贯通预裂卸压机理有待深入研究。

在沿空留巷深孔定向预裂爆破研究中,深孔定向预裂切断了巷道顶板,使得顶板充分垮落形成巷旁支护体,隔离采空区。何满潮等[101-110]提出了切顶卸压沿空留巷无煤柱开采方法,研究了采空区顶板定向预裂技术,分析了恒阻大变形锚索支护留巷顶板的作用机理;研究了留巷顶板结构和应力演化规律,揭示了切顶卸压沿空留巷机理。Guo 等[111]分析了切顶沿空留巷采空区顶板的变形破坏规律,得到了沿空留巷巷道应力区分布特征,揭示了留巷顶板在不同区域的破裂机理。Wang 等[112]建立了切顶卸压沿空留巷短悬臂梁力学模型,并利用能量理论和位移变分方法进行求解,得到了顶板变形的解析解,提出了短悬臂顶板变形控制方法。华心祝等[113-119]研究了切顶沿空留巷顶板裂缝形成规律,确定了装药长度与孔距的定量关系;建立了基本顶动静耦合作用力学模型,推导了动静作用下基本顶应力表达式,得到了动载作用下基本顶应力分布规律。高玉兵等[120-127]研究了沿空留巷顶板定向预裂爆破技术,在顶板形成了贯通裂缝,主动控制岩层垮断位置;从细观和宏观两方面研究了定向预裂爆破对巷道损伤演化、应力分布和围岩变形的影响。龚鹏等[128-134]系统研究了深部大采高矸石充填综采沿空留巷巷旁支护体稳定性,提出了大采高充填沿空留巷围岩变形控制技术。何满潮等[135]建立了留宽煤柱沿空掘巷、留小煤柱沿空掘巷、留小煤柱双巷布置和沿空留巷无煤柱 4 种不同开采方式的数值计算模型,研究了 4 种开采方式下工作面回采时的应力分布特征,得出了小煤柱双巷布置工作面开采小煤柱上应力值最大的结论。

综上,传统沿空留巷切顶爆破是在顶板形成连续贯通裂缝,使得顶板能充分垮落,形成巷旁支护体。在预裂爆破形成非贯通裂缝研究方面,非贯通裂缝对于顶板垮落以及卸压效应的影响有待深入研究。

### 1.2.3 裂缝扩展理论计算研究现状

根据裂缝受力和位移特点,将裂缝分为Ⅰ型、Ⅱ型和Ⅲ型 3 种基本类型[136-137],两种基本类型裂缝的组合形成复合型裂缝。工程应用中裂缝类型一般为复合型裂缝,针对复合型裂缝的研究主要依据断裂准则求解临界扩展载荷。在复合裂缝断裂理论计算方面,主要分为岩样中预制裂缝的扩展和工程岩体中裂缝的扩展。

在岩石试样预制裂缝断裂扩展研究方面:武旭[138]基于畸变能理论建立了裂纹起裂模型,提出了基于该模型的起裂判据,当裂纹尖端畸变能达到最大临界值时,裂隙开始扩展。龚爽[139]根据断裂力学理论,采用 K-M 应力函数计算了含Ⅰ型裂纹无限大板应力场、位移场,得到了裂纹尖端应力和位移解析解,确定了冲击载荷作用下岩石裂纹起裂的最小作用力判据、最短时间判据和最大应力强度因子判据。赵延林等[140]根据黏弹性断裂力学和能量准则,推导了以时间、翼形裂纹长度以及应力强度因子为内变量的相应势函数,得到了压剪作用下裂纹的流变断裂判据。唐世斌等[141-142]利用最大周向应力判据研究了考虑非奇异应力项的类岩石材料Ⅰ、Ⅱ及Ⅰ-Ⅱ复合型裂纹扩展;研究了含单裂纹无限板在双轴拉压的断裂特征,分析了侧压系数、泊松比等对裂纹扩展的影响。郑安兴等[143]根据岩石裂纹尖端双向受力特征,建立了考虑摩擦效应的闭合裂纹失稳扩展压剪断裂判据。田常海[144]提出了主应力因子下的Ⅰ-Ⅲ复合型裂纹扩展静态断裂模型,得到了考虑裂纹闭合的扩展速率表达式。徐军[145]研究了单轴压缩时非穿透裂纹尖端应力场,得到了非穿透裂纹起裂扩展准则。综上,当前研究主要是基于岩样预制裂纹受力特征确定裂缝的类型,然后依据断裂理论推导裂缝的临界扩展表达式,确定裂缝临界扩展的条件。

应力强度因子可以用来表征裂缝尖端应力场强度。应力强度因子计算方法复杂,针对常见裂缝的应力强度因子已经编制手册。在工程应用中,将工程岩体中裂缝根据受力特点做一定的简化和近似后,计算应力强度因子,从而解决工程裂缝扩展断裂问题[146]。

在煤矿工作面强制放顶顶板断裂方面,陈忠辉等[147]依据浅埋特厚煤层综放开采基本顶在液压支架后方切落的结构特点,建立了基本顶断裂力学模型,得到了基本顶周期垮落步距和支架工作阻力表达式。李金华等[148]根据坚硬顶板工作面初采期间深孔预裂强制放顶顶板结构,建立了含斜裂缝坚硬顶板断裂力学模型,得到了坚硬基本顶初次破断距及工作面支架阻力表达式,并分析了模型参数的敏感性。张凌凡等[149]根据特厚煤层工作面顶板岩层破断形成悬臂梁-砌体梁结构,建立了含中心斜裂缝的悬臂梁断裂力学模型,分析了悬臂梁断裂失稳的影响因素。段东等[150]建立了坚硬顶板中间预制裂缝强制放顶断裂力学模型,推导了基本顶初次垮落步距计算公式,研究了断裂韧度、裂缝长度等参数对垮落步距的影响规律。杨登峰等[151-152]利用薄板理论建立了裂缝板力学模型,推导了裂缝开裂扩展的应力强度因子和起裂载荷的表达式,得到了裂缝扩展、塑性铰失效和铰接板失稳三个阶段顶板失稳的条件,计算了塑性铰失效的极限载荷。

在切顶卸压沿空留巷顶板断裂方面,蔡峰等[153]分析了切顶卸压沿空留巷巷道顶板破断位置,建立了顶板断裂结构力学模型,推导了顶板支护阻力表达式,得到了不同断裂位态下的岩层移动变形规律,提出顶板沿巷旁外侧断裂有利于留巷围岩的控制。张国锋等[154]建立了上边弯曲裂缝下边预制裂缝的双裂缝悬臂梁力学模型,推导了基本顶沿裂缝结构面扩展断裂时的切顶工作阻力。

在其他工程应用裂缝断裂方面,常治国[155]建立了加卸载应力作用下的裂隙扩展力学模型,推导了边坡裂隙临界扩展表达式;建立了饱和岩石冻融损伤断裂模型,确定了冻融岩体的破断准则,得到了裂隙冻融破裂的临界冻胀力。陈忠辉等[156]依据隐伏导水断层和回采工作面底板的空间位置关系,构建了底板隐伏断层突水断裂模型,推导了含斜裂缝有限板裂缝尖端应力强度因子表达式,计算了隐伏断层发生劈裂破坏的临界水压力。王猛[157]分析了巷道围岩裂缝的产生、扩展及贯通过程,研究了压应力集中区域内剪切滑移裂缝的形态,并对剪切滑移裂缝进行了拟合。唐世斌等[158]针对井筒水压诱发拉伸破坏问题,推导了地应力与水压耦合下尖端裂缝应力强度因子,得到了拉剪应力状态下的断裂准则、临界水压和起裂角的表达式。

综上,在煤矿坚硬顶板工作面强制放顶和切顶卸压沿空留巷顶板断裂研究方面,根据顶板裂缝受力和位移特征构建了断裂力学模型,推导了裂缝应力强度因子表达式,研究了裂缝的断裂失稳规律。针对应力叠加小煤柱巷道预裂中裂缝断裂力学计算有待深入研究。结合小煤柱巷道顶板非贯通预裂卸压,非贯通裂缝失稳扩展机制力学计算方面未见相关研究。

## 1.2.4  爆破裂缝定向控制研究现状

采用光面爆破、预裂爆破、切槽孔爆破、聚能药包爆破以及切缝药包爆破等方法可以实现定向断裂控制。深孔预裂爆破在煤矿巷道掘进和破岩中广泛应用[159-161]，相关学者对深孔预裂爆破裂缝进行了大量的研究。爆破裂缝定向控制的研究主要集中在爆破裂缝扩展机理、爆破裂缝控制及应用等方面。

（1）爆破裂缝扩展机理研究现状

在岩石爆破破碎机理研究方面，Xu 等[162]构建了爆破卸压区损伤模型，研究了分形维数与爆破损伤程度的对应关系，确定了爆破破碎区损伤程度，并利用数值计算和工程实践对理论计算结果进行验证。Ma 等[163]将 Johnson-Holmquist 材料模型应用到 LS-DYNA 中模拟爆破引起的岩石断裂，探索了光面爆破中关键参数的影响，模拟了切槽钻孔和切缝药包定向断裂爆破裂缝控制技术，证明了定向断裂爆破控制技术的有效性。Jayasinghe 等[164]提出了三维耦合光滑粒子流和有限元方法模型，采用 RHT 材料模型研究了爆破引起的岩石损伤区范围和断裂模式。综上，在岩石爆破破碎机理研究方面主要是建立了本构模型来预测岩石的损伤范围。

在预裂爆破裂缝扩展形态研究方面，张志呈等[165-173]研究了定向卸压隔振爆破的原理、定向卸压隔振爆破的卸压机理和效应、隔振材料的作用机制与效果、间隔层间隔材料的技术原理和效果，采用数值模拟的方法分析了定向卸压隔振爆破应力波分布规律，并将定向卸压隔振爆破应用于露天边坡工程、井巷工程。廖文旺[174]研究了含裂隙岩体内部裂纹扩展模式，基于爆生气体压力和应力波传播计算了预制裂隙尖端偏转角度，试验研究了含裂隙介质裂纹扩展过程，分析了预制裂隙与中心连线方向夹角对裂纹扩展形态的影响。Zhang 等[175-177]测定了圆柱形花岗岩试样侧面初始裂纹和气体喷射的最早时间，并用动态应变仪测量了模型爆破过程中的应变波。Pu 等[178]研究了双孔爆破孔距、爆破延迟时间和导向孔类型对裂纹扩展行为的影响，结果表明，孔距的增加会抑制空孔处裂纹的聚合形式和裂纹长度。Yang 等[179]研究了试样水平压应力、垂直压应力和无压应力作用下预裂爆破后裂纹形态,揭示了深孔预裂爆破的变形特征和破坏机理,研究表明,最大主应力方向应与炮眼连接线方向一致。许来峥[180]研究了打孔聚能管、切缝聚能管及半圆形聚能管的聚能特性,并将深孔定向爆破割缝技术应用于切顶卸压工程。

(2)空孔导向爆破裂缝定向控制研究现状

空孔对爆破应力波的反射作用使得在空孔两侧形成拉应力集中区,有利于空孔处裂缝的形成扩展。同时,空孔效应对于避免岩体的过度破坏和爆破裂缝的定向扩展具有重要的意义。王泽军[181]得到了含空孔双孔爆破应力场分布特征,阐明了空孔形状、空孔孔径等参数对于爆破裂纹扩展形态、裂纹贯通时间的影响规律。陈宝宝等[182-185]研究了充水承压爆破时孔壁周围应力以及裂隙演化规律,探讨了钻孔承压水层厚度、孔内水介质承压大小以及空孔等对爆破效果的影响,研究了承压爆破空孔导向定向预裂机理,分析了切向拉应力、质点振速及拉应变的变化规律,确定了坚硬顶板承压爆破合理参数。Meng 等[186]建立了岩体损伤的拉-压本构模型,将本构模型导入 LS-DYNA 用户自定义材料模型中,研究了空孔效应下岩体损伤的演化机理,分析了空孔直径对拉伸损伤单元的数量、拉伸应力和压缩损伤单元数量的影响。赵杰超[187]建立了聚能爆破下空孔力学模型和数值计算模型,研究了空孔对爆炸应力波传播、爆生主裂隙扩展、单元应力状态的影响规律。粟登峰等[188-191]研究了缝槽对爆炸应力波的"聚能效应",得到了空孔形状对爆生裂纹扩展及声发射的影响规律,分析了空孔形状、空孔间距对炮孔爆炸应力场分布的影响,揭示了空孔导向作用下射流割缝爆破裂纹扩展机理。Li 等[192]研究了相邻爆破孔间空孔对裂纹扩展的导向作用,空孔附近压力随着爆破孔间距的增大而减小。当爆炸孔间距为 0.4～0.6 m 时,爆破孔间岩石破碎和裂纹扩展效果良好。陈勇等[193]研究了不耦合系数、导向孔直径、炮孔间距对切向应力分布的影响,优化了浅孔爆破沿空留巷切顶卸压爆破参数。

（3）聚能管导向爆破裂缝定向控制研究现状

聚能管爆破是在套管上开不同形状和数量的切缝或小孔,利用切缝或孔控制爆生气体和爆炸应力场,达到裂缝定向控制目的。在聚能管爆破方面,杨仁树等[194-201]研究了切缝药包定向断裂控制爆破机理,从细观角度分析了定向爆破裂纹形成过程;采用高速纹影试验探讨了切缝药包爆破后冲击波的传播规律;建立了动态焦散线测试系统,提取了爆生裂纹尖端的应力强度因子,揭示了切缝药包爆破后裂纹起裂—扩展—止裂规律。彭松[202]设计了环向和纵向狭缝PVC聚能管,研究了环向与纵向狭缝PVC聚能管爆炸环向聚能和定向致裂效应。Yang等[203]研究了高静应力条件下孔周围的应力分布,分析了高静应力条件下切缝药包爆破的裂纹扩展行为,发现当高应力与切缝方向平行时,裂纹扩展速度加快,裂纹扩展长度增加。王海钢[204]分析了聚能爆破装药结构对顶板岩层裂隙发育及应力分布的影响规律,分析了炮孔间距、炮孔直径和径向不耦合系数对聚能爆破效果的影响,揭示了聚能爆破机理。Wang[205]分析了装药结构对爆炸裂纹形成扩展的影响规律,模拟了切缝药包爆破过程及初始裂纹的产生,得到了不耦合系数与爆破损伤的关系,确定了最佳不耦合系数。王树仁等[206]探讨了"切缝药包"围岩裂隙断裂控制作用,运用动态光弹性仪研究了切缝方向裂隙产生、爆轰波作用强度。Yue等[207]研究了聚甲基丙烯酸甲酯材料在双孔定向控制爆破下裂纹的扩展行为,确定了主裂纹动态断裂特征和参数,分析了双孔定向爆破的断裂机理。岳中文等[208]对比分析了炮孔间距对切缝药包孔间爆生裂纹扩展规律的影响,结果表明,随着炮孔间距的增加,孔间爆生主裂缝发生偏转。

综合以上分析,针对岩石定向断裂控制爆破,将空孔和聚能管单独应用到定向断裂控制中研究较多。但是,在定向预裂爆破中,聚能管和空孔协同作用控制裂缝扩展研究较少。应力叠加小煤柱巷道顶板预裂爆破聚能管和空孔协同导向机理有待进一步深入研究,聚能管和空孔协同控制爆破裂缝扩展方面需要深入研究。

# 1.3 主要研究内容

本书针对工作面回采时小煤柱巷道收敛变形剧烈的问题,对应力叠加小煤柱巷道顶板非贯通预裂围岩变形机理及应用进行系统研究,分析非贯通预裂顶板结构演化,研究非贯通预裂围岩卸压机理,探讨非贯通预裂爆破裂缝形成、扩展、止裂规律,提出应力叠加小煤柱巷道围岩变形控制技术体系。主要研究内容如下:

(1)煤岩物理力学参数及动力响应

测试现场试验巷道顶板煤、砂质泥岩、细砂岩的抗压强度、弹性模量、抗拉强度、泊松比、黏聚力等静态物理力学特性参数,研究细砂岩动态力学特性以及冲击作用能耗特征,分析试验后煤岩样的破坏形态,为后续力学理论分析、数值计算、相似模拟以及现场试验方案提供参数依据。

(2)非贯通预裂顶板变形力学分析

① 建立高应力小煤柱巷道基本顶非贯通预裂结构力学模型,推导基本顶变形和非贯通预裂应力分布表达式,研究侧向悬顶长度和小煤柱支承载荷对相邻面巷道基本顶变形的影响,分析基本顶在非贯通岩体区域和裂缝区域应力演化特征,为改变基本顶悬顶长度、优化应力环境提供理论依据。

② 建立基本顶非贯通裂缝在巷道轴向和竖向断裂扩展力学模型,研究巷道轴向裂缝长和非贯通岩体长比值、裂缝垂高与基本顶厚度比值、侧向悬臂长度等对复合型裂缝应力强度因子叠加

值的影响,确定基本顶非贯通裂缝在巷道轴向和竖向的临界扩展准则,为基本顶非贯通裂缝关键参数的确定提供参考。

(3)顶板非贯通预裂围岩卸压机理

结合典型工程地质条件,构建小煤柱巷道顶板非贯通预裂卸压数值计算模型,研究应力叠加小煤柱巷道围岩稳定性,分析非贯通裂缝长度、裂缝高度、裂缝偏转角度、裂缝与小煤柱垂直距离等非贯通裂缝参数对小煤柱巷道围岩变形及端头应力分布的影响规律,揭示小煤柱巷道顶板非贯通裂缝卸压机理。在此基础上,优化小煤柱巷道顶板非贯通裂缝相关参数。

(4)非贯通预裂覆岩运移破断规律

构建小煤柱巷道顶板非贯通预裂三维相似模型,分析非贯通裂缝影响下覆岩沿巷道轴向垮落特征,研究工作面回采过程中覆岩视电阻率的变化以及高频电磁波的传播路径,揭示非贯通预裂覆岩沿巷道轴向运移破断规律。建立顶板预裂二维相似模型,研究顶板预裂对应力的阻断效应及工作面覆岩竖向垮落规律。

(5)预裂爆破裂缝扩展规律及控制

采用 LS-DYNA 动力学数值计算,研究聚能管和空孔在定向预裂爆破中的协同导向作用,分析单孔和双孔爆破时不耦合系数、空孔与爆破孔距离、空孔直径对有效应力的影响,揭示聚能管和空孔协同作用下预裂爆破裂缝的形成、扩展及止裂规律,并提出非贯通预裂爆破参数设计方法,为顶板非贯通预裂爆破参数的确定提供依据。

(6)小煤柱巷道稳定控制现场试验

基于理论研究、数值计算和相似模拟研究成果,提出小煤柱巷道顶板非贯通预裂卸压围岩稳定性控制方案,并开展现场试验。通过监测小煤柱巷道锚杆载荷、小煤柱钻孔应力、单体柱压力及巷道变形量,对小煤柱巷道围岩稳定性控制效果进行综合评价,验证研究成果的正确性和可靠性。

## 1.4 研究技术路线

本书综合采用实验室试验、理论分析、数值计算、相似模拟和现场试验等研究方法,对非贯通预裂顶板结构演化、非贯通预裂爆破裂缝扩展及控制、顶板非贯通预裂围岩变形机理等内容进行深入研究,实现了采动影响下高应力小煤柱巷道的稳定性控制,研究技术路线如图 1-3 所示。

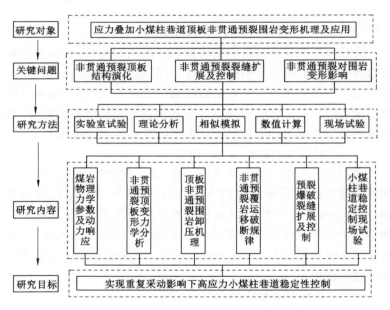

图 1-3 研究技术路线图

## 1.5　主要创新点

本书主要创新点如下：

（1）构建了高应力小煤柱巷道基本顶非贯通预裂结构力学模型，推导了小煤柱巷道基本顶变形和应力分布表达式，阐明了非贯通预裂基本顶应力分布规律。通过小煤柱巷道顶板非贯通预裂三维相似模型试验，确定了覆岩中视电阻率的变化率及高频电磁波的传播路径，得到了关键岩层空间垮落结构，揭示了非贯通预裂覆岩三维运移破断演化规律。

（2）建立了基本顶非贯通裂缝沿巷道轴向和竖向失稳扩展力学模型，得到了复合型裂缝临界扩展准则，阐明了裂缝长和非贯通岩体长比值、裂缝垂高与基本顶厚度比值、侧向悬臂长度等对复合型裂缝应力强度因子的影响，揭示了基本顶非贯通裂缝失稳扩展规律，提出了非贯通裂缝关键参数设计方法。

（3）构建了小煤柱巷道顶板非贯通预裂卸压数值计算模型，得到了小煤柱巷道围岩应力叠加、能量积聚以及持续变形过程，揭示了非贯通裂缝长度、裂缝垂直高度、裂缝偏转角度等对小煤柱巷道围岩应力、能量分布、变形特征的影响规律，确定了端头区域垂直应力峰值与非贯通裂缝参数的指数函数关系。

（4）通过聚能管和空孔协同导向预裂爆破计算模型，得到了聚能管和空孔对应力波传播的协同控制作用，阐明了协同作用下不耦合系数、空孔与爆破孔距离、空孔直径对有效应力的影响，揭示了非贯通预裂爆破裂缝的形成、扩展及止裂规律，提出了小煤柱巷道基本顶非贯通预裂爆破参数设计方法。

# 2 煤岩物理力学参数及动力响应

工程现场围岩的物理力学参数是理论分析、数值计算、相似模拟以及现场试验方案设计的基本依据。本章采用单轴压缩试验、三轴压缩试验、巴西劈裂试验和动态抗压强度试验等试验手段,测试煤岩试样静态和动态物理力学特性参数。

## 2.1 标准煤岩样的制备及试验系统

在现场试验巷道顶板取煤、砂质泥岩、细砂岩试块,加工成直径为 50 mm、高度为 25 mm 和 100 mm 的标准试样,部分标准试样如图 2-1 所示。在试验时采集试样的载荷、位移信息,并记录试样的最终破坏形态。

（a）部分直径50 mm、
高度100 mm试样
（b）部分直径50 mm、
高度25 mm细砂岩试样

图 2-1　部分标准试样

单轴压缩试验、三轴压缩试验采用 MTS-815.03 岩石试验系统,试验系统如图 2-2 所示。试验系统可提供的最大轴压为 4 600 kN,最大围压为 140 MPa,最小采样时间间隔为 50 $\mu$s,可对煤岩试样破坏过程应力-应变曲线进行精确测量。

图 2-2 MTS-815.03 岩石试验系统

顶板岩石的动态力学性能测试可以为预裂爆破参数的确定提供依据。通过分离式霍普金森压杆试验系统对细砂岩试样的动态力学特性进行测试。分离式霍普金森压杆试验系统如图 2-3

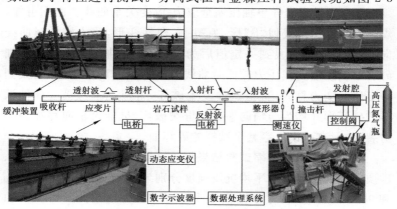

图 2-3 分离式霍普金森压杆试验系统

所示,杆体的弹性模量为 206 GPa,纵波波速为 5 122 m/s。通过测速仪监测撞击杆的速度,采用动态应变采集仪和应变片记录入射杆和透射杆上的脉冲信号,应变片距试件的距离均为 1 200 mm。撞击杆采用氮气进行加载。

## 2.2 煤岩样静态力学特性测试结果

### 2.2.1 单轴压缩试验

煤、砂质泥岩、细砂岩各选取 3 个标准试件,进行单轴压缩试验。根据试件在单轴压缩下所承受的最大载荷,计算试件的单轴抗压强度。试件单轴抗压强度 $\sigma'$ 为:

$$\sigma' = \frac{F}{S} \tag{2-1}$$

式中:$\sigma'$ 是试件单轴抗压强度,MPa;$F$ 是试验测得的试件破坏载荷,N;$S$ 是试样横截面积,$m^2$。

图 2-4 是煤岩样单轴压缩全应力-应变关系曲线。由图可知,煤和砂质泥岩曲线似"S"形,为塑-弹-塑性变形,压力较低时曲线向上弯曲,压力增大到一定值后为直线,最后曲线向下弯曲。细砂岩单轴压缩曲线压力较低时曲线向上弯曲程度小,压力增大到一定值后变为直线,直至试件发生破坏,为塑-弹性变形。3 种试样的破坏形式均为与轴向平行的劈裂破坏,试样沿轴向存在多个劈裂面,但有一个贯穿整个试样的破坏面。

煤岩试样单轴压缩试验结果见表 2-1。由表可计算得出,煤、砂质泥岩和细砂岩的平均抗压强度分别为 9.18 MPa、37.01 MPa 和 98.31 MPa,平均弹性模量分别为 1.52 GPa、4.73 GPa 和 11.68 GPa,平均泊松比分别为 0.21、0.19 和 0.09。

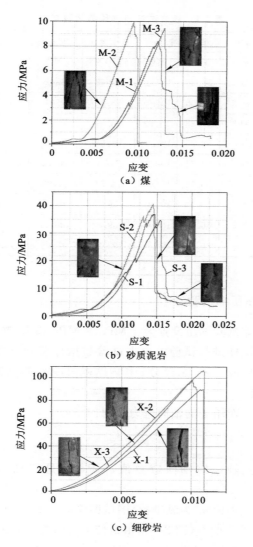

图 2-4 试样单轴压缩全应力-应变曲线及破坏形态

**表 2-1 煤岩试样单轴压缩试验结果**

| 岩石名称 | 试样编号 | 试样尺寸/mm | | 最大破坏载荷/kN | 抗压强度/MPa | 弹性模量/GPa | 泊松比 |
|---|---|---|---|---|---|---|---|
| | | 直径 | 高度 | | | | |
| 煤 | M-1 | 50.26 | 100.38 | 16.52 | 8.42 | 1.26 | 0.17 |
| | M-2 | 50.30 | 101.76 | 18.92 | 9.64 | 1.79 | 0.21 |
| | M-3 | 50.28 | 99.92 | 18.59 | 9.47 | 1.50 | 0.25 |
| 砂质泥岩 | S-1 | 50.20 | 102.34 | 65.53 | 33.39 | 3.37 | 0.18 |
| | S-2 | 50.24 | 101.28 | 79.92 | 40.72 | 5.66 | 0.20 |
| | S-3 | 50.28 | 101.14 | 72.54 | 36.93 | 5.17 | 0.18 |
| 细砂岩 | X-1 | 50.00 | 101.00 | 176.73 | 90.05 | 10.61 | 0.10 |
| | X-2 | 50.02 | 100.64 | 209.82 | 106.91 | 11.92 | 0.07 |
| | X-3 | 50.14 | 101.66 | 192.28 | 97.98 | 12.51 | 0.10 |

## 2.2.2 三轴压缩试验

三轴压缩试验围压设置为 4 MPa、8 MPa 和 12 MPa,每个围压选取 3 块试样进行试验。根据试验数据计算岩石在不同围压作用下的轴向应力 $\sigma_1$、黏聚力 $c$ 和内摩擦角 $\varphi$,绘制三轴压缩全应力-应变曲线。

不同围压作用下的轴向应力值为:

$$\sigma_1 = \frac{P}{S} \qquad (2\text{-}2)$$

式中:$\sigma_1$ 是三轴压缩轴向应力值,MPa;$P$ 是三轴压缩轴向载荷,N。

以轴向应力值 $\sigma_1$ 为纵坐标、围压即侧向应力 $\sigma_3$ 为横坐标,绘制 $\sigma_1$-$\sigma_3$ 最佳关系曲线(图 2-5),由最佳关系曲线求 $c$、$\varphi$ 值。

$$c = \frac{\sigma_c(1-\sin\varphi)}{2\cos\varphi}, \quad \varphi = \arcsin\left(\frac{k-1}{k+1}\right) \qquad (2\text{-}3)$$

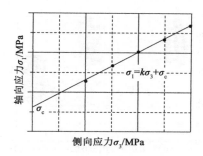

图 2-5　最佳关系曲线

式中：$c$ 是岩石的黏聚力，MPa；$\varphi$ 是岩石的内摩擦角，(°)；$\sigma_c$ 是曲线在纵坐标上的截距，MPa；$k$ 是曲线斜率。

图 2-6 所示是煤岩试样在不同围压作用下三轴压缩应力-应变曲线及破坏形态。由图可知，煤岩试样三轴压缩曲线与单轴压缩曲线在峰前阶段变化趋势基本相同，均经历了初始压密阶段、弹性阶段、塑性阶段。在峰后阶段，由于围压的作用，试样破坏后仍具有承载能力。不同围岩作用下煤岩样的破坏形态均为单斜面剪切滑移破坏，试件沿一斜面发生剪切破坏。

煤岩试样三轴压缩试验结果见表 2-2。由表可计算得出，当围压为 4 MPa、8 MPa 和 12 MPa 时，煤的平均极限抗压强度即平均最大轴向应力分别为 22.53 MPa、27.20 MPa、38.18 MPa，平均残余强度分别为 11.14 MPa、13.18 MPa、16.40 MPa；砂质泥岩的平均极限抗压强度分别为 48.46 MPa、55.77 MPa、67.15 MPa，平均残余强度分别为 19.82 MPa、26.92 MPa、27.54 MPa；细砂岩的平均极限抗压强度分别为 110.98 MPa、146.13 MPa、159.90 MPa，平均残余强度分别为 37.70 MPa、59.58 MPa、74.06 MPa。可见随着三轴压缩围压的增加，试样的极限抗压强度和残余强度增加。

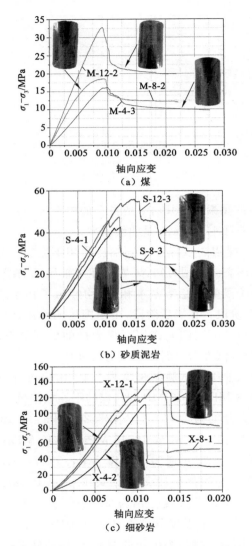

图 2-6  试样三轴压缩应力-应变曲线及破坏形态

同时由表 2-2 可知,煤、砂质泥岩和细砂岩的黏聚力 $c$ 分别为 4.82 MPa、12.57 MPa 和 18.20 MPa,内摩擦角 $\varphi$ 分别为 19.05°、23.61°和 45.96°。

表 2-2　煤岩试样三轴压缩试验结果

| 岩石名称 | 围压/MPa | 试件编号 | 试样尺寸/mm | | 最大轴向应力/MPa | 残余强度/MPa | 黏聚力 $c$/MPa | 内摩擦角 $\varphi$/(°) |
|---|---|---|---|---|---|---|---|---|
| | | | 直径 | 高度 | | | | |
| 煤 | 4 | M-4-1 | 49.82 | 100.84 | 25.60 | 12.89 | 4.82 | 19.05 |
| | | M-4-2 | 50.00 | 100.54 | 21.84 | 10.56 | | |
| | | M-4-3 | 49.82 | 100.08 | 20.16 | 9.98 | | |
| | 8 | M-8-1 | 49.82 | 100.08 | 26.18 | 11.84 | | |
| | | M-8-2 | 49.92 | 99.72 | 26.54 | 12.28 | | |
| | | M-8-3 | 49.92 | 100.32 | 28.87 | 15.43 | | |
| | 12 | M-12-1 | 49.92 | 100.40 | 32.90 | 10.94 | | |
| | | M-12-2 | 49.82 | 100.10 | 44.74 | 20.00 | | |
| | | M-12-3 | 49.80 | 100.40 | 36.89 | 18.26 | | |
| 砂质泥岩 | 4 | S-4-1 | 50.00 | 100.30 | 46.43 | 15.37 | 12.57 | 23.61 |
| | | S-4-2 | 50.38 | 100.22 | 49.28 | 24.15 | | |
| | | S-4-3 | 50.26 | 100.22 | 49.67 | 19.93 | | |
| | 8 | S-8-1 | 50.02 | 100.44 | 55.86 | 28.42 | | |
| | | S-8-2 | 49.96 | 100.24 | 56.26 | 27.68 | | |
| | | S-8-3 | 49.92 | 100.12 | 55.20 | 24.65 | | |
| | 12 | S-12-1 | 50.34 | 100.14 | 66.77 | 27.72 | | |
| | | S-12-2 | 50.18 | 99.88 | 66.82 | 24.65 | | |
| | | S-12-3 | 50.06 | 100.08 | 67.85 | 30.25 | | |

表 2-2(续)

| 岩石名称 | 围压/MPa | 试件编号 | 试样尺寸/mm | | 最大轴向应力/MPa | 残余强度/MPa | 黏聚力 c/MPa | 内摩擦角 φ/(°) |
|---|---|---|---|---|---|---|---|---|
| | | | 直径 | 高度 | | | | |
| 细砂岩 | 4 | X-4-1 | 50.26 | 100.18 | 109.70 | 45.32 | 18.20 | 45.96 |
| | | X-4-2 | 50.12 | 99.94 | 114.69 | 30.53 | | |
| | | X-4-3 | 50.02 | 100.08 | 108.56 | 37.26 | | |
| | 8 | X-8-1 | 50.10 | 99.62 | 147.93 | 53.26 | | |
| | | X-8-2 | 50.06 | 100.00 | 152.32 | 63.70 | | |
| | | X-8-3 | 50.08 | 100.30 | 138.13 | 61.78 | | |
| | 12 | X-12-1 | 50.10 | 100.86 | 161.93 | 83.26 | | |
| | | X-12-2 | 50.06 | 99.24 | 157.88 | 72.40 | | |
| | | X-12-3 | 50.10 | 99.80 | 159.89 | 66.53 | | |

### 2.2.3 抗拉强度试验

选取高度为 25 mm 的试样进行巴西劈裂试验,每种岩样选取 3 个试样进行试验。根据试验数据计算试样单轴抗拉强度,取 3 个试样结果的平均值作为岩样的抗拉强度测试结果。

岩样的抗拉强度 $\sigma_t$ 计算公式为:

$$\sigma_t = \frac{2F'}{\pi DH'} \tag{2-4}$$

式中:$\sigma_t$ 是岩石的抗拉强度,MPa;$F'$ 是巴西劈裂试验中试样承受载荷,kN;$D$ 是试样的直径,mm;$H'$ 是试样的高度,mm。

煤岩样的承受载荷-位移曲线及试样的破坏形态如图 2-7 所示。由图可知,煤样由于裂隙发育,曲线弹性阶段不明显;砂质泥岩试验曲线压密阶段、弹性阶段、塑性阶段和破坏阶段均表现明显;细砂岩由于抗拉强度大,塑性阶段不明显,为脆性破坏。3 种试样的破坏形式均为沿直径方向的劈裂破坏,破坏面沿径向贯穿整个试样。

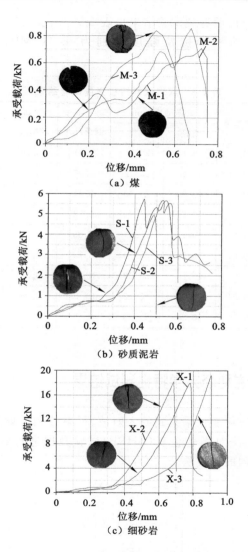

图 2-7 试样承受载荷-位移曲线及破坏形态

煤岩试样巴西劈裂试验结果见表 2-3。由表可知,煤、砂质泥岩和细砂岩的平均抗拉强度分别为 0.41 MPa、2.9 MPa 和 9.48 MPa。

**表 2-3　煤岩试样抗拉强度试验结果**

| 岩石名称 | 试件编号 | 试样尺寸/mm | | 最大承受载荷/kN | 抗拉强度/MPa | 平均抗拉强度/MPa |
| --- | --- | --- | --- | --- | --- | --- |
| | | 直径 | 高度 | | | |
| 煤 | M-1 | 50.18 | 25.18 | 0.71 | 0.36 | |
| | M-2 | 49.98 | 25.12 | 0.86 | 0.44 | 0.41 |
| | M-3 | 49.90 | 25.38 | 0.84 | 0.43 | |
| 砂质泥岩 | S-1 | 50.28 | 25.22 | 5.72 | 2.91 | |
| | S-2 | 50.14 | 25.04 | 5.00 | 2.55 | 2.79 |
| | S-3 | 50.20 | 25.10 | 5.73 | 2.92 | |
| 细砂岩 | X-1 | 50.28 | 25.08 | 18.33 | 9.34 | |
| | X-2 | 50.30 | 25.22 | 18.17 | 9.26 | 9.48 |
| | X-3 | 50.20 | 24.98 | 19.29 | 9.83 | |

## 2.3　细砂岩动态力学特性测试结果

根据动态应变仪采集到的入射波、反射波和透射波的应变信号,采用二波法对霍普金森(SHPB)试验数据进行处理。SHPB试验数据处理的二波法公式为:

$$\begin{cases} \bar{\varepsilon} = -\dfrac{2C}{l_0}\varepsilon_i(t) \\[2mm] \varepsilon = -\dfrac{2C}{l_0}\displaystyle\int_0^t \varepsilon_r(t)\,\mathrm{d}t \\[2mm] \sigma_d = \dfrac{AE}{A_0}\varepsilon_t(t) \end{cases} \quad (2\text{-}5)$$

式中:$\bar{\varepsilon}$ 是试样的应变率,$s^{-1}$;$\varepsilon$ 是试样的应变;$\sigma_d$ 是试样的动态抗压强度,MPa;$\varepsilon_i(t)$、$\varepsilon_r(t)$ 和 $\varepsilon_t(t)$ 分别是入射波、反射波和透射波在独立传播时所对应的杆中应变;$C$ 是压杆中应力波的波速,m/s;$A$ 是杆件的横截面积,$m^2$;$E$ 是杆件材料的弹性模量,GPa;$l_0$ 是试样的高度,m;$A_0$ 是试样的横截面积,$m^2$。

试样从开始冲击到破坏的整个试验过程中,压杆上的入射能量、反射能量和透射能量的计算公式为:

$$\begin{cases} W_I = \dfrac{AC}{E} \int_0^t \sigma_i^2(t)\,dt = ACE \int_0^t \varepsilon_i^2(t)\,dt \\[2mm] W_R = \dfrac{AC}{E} \int_0^t \sigma_r^2(t)\,dt = ACE \int_0^t \varepsilon_r^2(t)\,dt \\[2mm] W_T = \dfrac{AC}{E} \int_0^t \sigma_t^2(t)\,dt = ACE \int_0^t \varepsilon_t^2(t)\,dt \end{cases} \quad (2\text{-}6)$$

式中:$W_I$、$W_R$ 和 $W_T$ 分别是压杆上的入射能量、反射能量和透射能量,J;$\sigma_i(t)$、$\sigma_r(t)$ 和 $\sigma_t(t)$ 分别是入射波、反射波和透射波在压杆上产生的应力,MPa。

忽略应力波在传播过程中的能量损失,试验过程中试样吸收的能量可表示为:

$$W_L = W_I - (W_R + W_T) = ACE \int_0^t \left[ \varepsilon_i^2(t) - (\varepsilon_r^2(t) + \varepsilon_t^2(t)) \right]$$

$$(2\text{-}7)$$

式中:$W_L$ 是试件破坏过程中吸收的能量,J。

试件的破碎耗能约占其吸收能量的 95%。因此,可用试件吸收能量代替破碎耗能,用岩石破碎耗能密度研究岩石的耗能特性。岩石破碎能耗密度计算公式为:

$$w = \frac{W_L}{V} \quad (2\text{-}8)$$

式中:$w$ 是岩石破碎能耗密度,$J/m^3$;$V$ 为试样的体积,$m^3$。

顶板预裂爆破层位于基本顶,选取高度为 25 mm 的基本顶细砂岩试样进行试验,试验设置冲击气压为 0.3 MPa、0.4 MPa、0.5 MPa 和 0.6 MPa,每个冲击气压选取 3 块试样进行试验,研究不同冲击气压条件下应变率变化对细砂岩试样力学性能参数、耗能特性及破碎形态的影响规律。

加载气压 $P$ 的变化对撞击杆速度 $v$ 和试样平均应变率 $\bar{\varepsilon}$ 的影响规律见表 2-4。由表可知,随着气压 $P$ 的增大,撞击杆速度 $v$ 和试样应变率 $\bar{\varepsilon}$ 增加。

**表 2-4　加载气压 $P$ 的变化对细砂岩 $v$ 和 $\bar{\varepsilon}$ 的影响规律**

| 加载气压 $P$ /MPa | 试样编号 | 撞击杆速度 $v$/(m/s) | | 试样平均应变率 $\bar{\varepsilon}$/s$^{-1}$ | |
|---|---|---|---|---|---|
| | | 单块试样 | 平均值 | 单块试样 | 平均值 |
| 0.3 | X-0.3-1 | 5.571 | | 49.566 | |
| | X-0.3-2 | 5.726 | 5.618 | 45.491 | 50.481 |
| | X-0.3-3 | 5.558 | | 56.387 | |
| 0.4 | X-0.4-1 | 6.556 | | 75.171 | |
| | X-0.4-2 | 6.590 | 6.608 | 70.242 | 72.625 |
| | X-0.4-3 | 6.678 | | 72.462 | |
| 0.5 | X-0.5-1 | 7.390 | | 102.060 | |
| | X-0.5-2 | 7.394 | 7.402 | 98.312 | 98.612 |
| | X-0.5-3 | 7.422 | | 95.463 | |
| 0.6 | X-0.6-1 | 8.127 | | 114.232 | |
| | X-0.6-2 | 8.592 | 8.505 | 119.577 | 118.388 |
| | X-0.6-3 | 8.796 | | 121.354 | |

## 2.3.1　基本顶细砂岩动态力学性能分析

(1)动态单轴压缩应力-应变曲线及试样破坏形态

不同应变率下细砂岩动态单轴压缩应力-应变曲线及试样的

破坏形态如图 2-8 所示。由图可知,由于应变较小,细砂岩裂隙未闭合前就进入弹性阶段,观测不到压密阶段。由试样破碎形态可知,当应变率较低时,试样碎块形态为劈裂柱状体,碎块破裂面角度为 90°,试件发生沿轴向的张拉破坏,破碎块度大。随着应变率的增加,试样碎块块度减小,破碎程度增加,试样碎块形态主要为锥状碎块和片状层裂碎块。

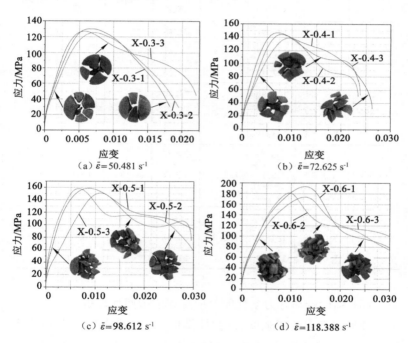

图 2-8　动态单轴压缩应力-应变特性及试样破坏形态

(2) 不同应变率下细砂岩动态力学性能参数

细砂岩动态抗压强度、弹性模量、峰值应变能够为顶板爆破参数的设计提供依据。不同应变率下细砂岩动态抗压强度 $\sigma_d$、弹

性模量 $E_d$、峰值应变 $\varepsilon_d$ 等力学性能参数见表 2-5。由表可知，随着应变率的增加，试样力学性能参数的平均值增大。

**表 2-5　不同应变率下细砂岩动态力学性能参数**

| 应变率 $\bar{\varepsilon}$ /s$^{-1}$ | 试样编号 | 抗压强度 $\sigma_d$/MPa | | 弹性模量 $E_d$/GPa | | 峰值应变 $\varepsilon_d$/10$^{-3}$ | |
|---|---|---|---|---|---|---|---|
| | | 单块试样 | 平均值 | 单块试样 | 平均值 | 单块试样 | 平均值 |
| 50.481 | X-0.3-1 | 129.97 | | 21.13 | | 6.45 | |
| | X-0.3-2 | 125.32 | 127.47 | 18.41 | 19.91 | 7.18 | 6.45 |
| | X-0.3-3 | 127.13 | | 20.18 | | 5.73 | |
| 72.625 | X-0.4-1 | 146.66 | | 21.58 | | 7.11 | |
| | X-0.4-2 | 139.05 | 143.40 | 19.40 | 20.72 | 9.32 | 8.10 |
| | X-0.4-3 | 144.49 | | 21.19 | | 7.87 | |
| 98.612 | X-0.5-1 | 158.77 | | 22.26 | | 8.65 | |
| | X-0.5-2 | 158.03 | 155.92 | 24.17 | 21.85 | 6.70 | 8.80 |
| | X-0.5-3 | 150.97 | | 19.12 | | 11.05 | |
| 118.388 | X-0.6-1 | 193.47 | | 24.47 | | 12.81 | |
| | X-0.6-2 | 181.39 | 182.86 | 23.67 | 23.12 | 10.02 | 11.86 |
| | X-0.6-3 | 173.71 | | 21.22 | | 12.74 | |

（3）细砂岩动态力学性能对应变率的敏感性分析

细砂岩动态抗压强度 $\sigma_d$、弹性模量 $E_d$、峰值应变 $\varepsilon_d$ 随应变率 $\bar{\varepsilon}$ 的变化曲线如图 2-9 所示。采用非线性拟合的方法得到了细砂岩动态力学参数与应变率的函数关系：

$$\begin{cases} \sigma_d = 26.786\bar{\varepsilon}^{0.3938}, R^2 = 0.9395 \\ E_d = 17.7297e^{0.0022\bar{\varepsilon}}, R^2 = 0.9847 \\ \varepsilon_d = 4.2751e^{0.0082\bar{\varepsilon}}, R^2 = 0.9376 \end{cases} \quad (2\text{-}9)$$

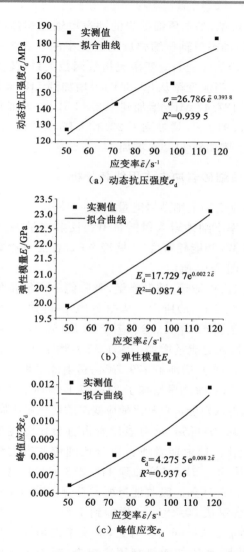

（a）动态抗压强度$\sigma_\mathrm{d}$

（b）弹性模量$E_\mathrm{d}$

（c）峰值应变$\varepsilon_\mathrm{d}$

图 2-9 细砂岩动态力学性能随应变率的变化曲线

从图 2-9 可见,基本顶细砂岩的动态单轴压缩强度与应变率成幂函数关系,动态单轴压缩强度与应变率的 0.393 8 次方成正比;弹性模量、峰值应变与应变率成指数函数关系,其值随应变率的增加而增大。当应变率从 50.841 s$^{-1}$ 增加到 118.388 s$^{-1}$ 时,动态抗压强度从 127.47 MPa 增加到 182.86 MPa,增加了 43.45%;弹性模量从 19.91 GPa 增加到了 23.12 GPa,增加了 16.12%;峰值应变从 6.45 增加到 11.86,增加了 83.88%。

### 2.3.2　基本顶细砂岩冲击作用能耗分析

(1) 不同应变率下细砂岩能量参数

不同应变率下细砂岩入射能量 $W_I$、反射能量 $W_R$、透射能量 $W_T$、吸收能量 $W_L$ 和能耗密度 $w$ 见表 2-6。各能量参数随应变率的变化规律如图 2-10 所示。

入射能量、反射能量、透射能量、吸收能量的能量值随应变率的变化曲线如图 2-10(a)所示。从图 2-10(a)可知,各能量值均随着应变率的增加而增大。当应变率从 50.481 s$^{-1}$ 增加到 118.388 s$^{-1}$ 时,入射能量增加了 454.52 J,增加了 152.26%;反射能量增加了 113.41 J,增加了 179.70%;透射能量增加了 98.64 J,增加了 83.75%;吸收能量增加了 242.47 J,增加了 206.13%。

各能量值占入射能量百分比随应变率的变化曲线如图 2-10(b)所示。从图 2-10(b)可知,反射能量所占百分比随应变率的增加基本不发生变化。透射能量所占百分比随应变率的增加逐渐减小,当应变率从 50.481 s$^{-1}$ 增加到 118.388 s$^{-1}$ 时,透射能量所占百分比减小了 27.16%。吸收能量所占百分比随应变率的增加逐渐增大,当应变率从 50.481 s$^{-1}$ 增加到 118.388 s$^{-1}$ 时,吸收能量所占百分比增加了 21.36%。可见,应变率的增加使得吸收能量所占百分比增大,系统的能量利用率提高,减小了反射和透射能量的损失。

表2-6　不同应变率下细砂岩能量参数

| 应变率 $\bar{\varepsilon}$ /s$^{-1}$ | 试样编号 | $W_I$/J | | $W_R$/J | | $W_T$/J | | $W_L$/J | | $w$/(J/cm$^3$) | |
|---|---|---|---|---|---|---|---|---|---|---|---|
| | | 单块试样 | 平均值 | 单块试样 | 平均值 | 单块试样 | 平均值 | 单块试样 | 平均值 | 单块试样 | 平均值 |
| 50.481 | X-0.3-1 | 309.71 | 298.52 | 63.86 | 63.11 | 118.20 | 117.78 | 127.65 | 117.63 | 2.60 | 2.40 |
| | X-0.3-2 | 294.00 | | 67.20 | | 120.74 | | 106.06 | | 2.16 | |
| | X-0.3-3 | 291.85 | | 58.27 | | 114.39 | | 119.19 | | 2.43 | |
| 72.625 | X-0.4-1 | 447.53 | 454.10 | 84.28 | 102.35 | 169.59 | 166.64 | 193.66 | 185.11 | 3.95 | 3.77 |
| | X-0.4-2 | 456.37 | | 121.17 | | 158.52 | | 176.68 | | 3.60 | |
| | X-0.4-3 | 458.39 | | 101.59 | | 171.82 | | 184.98 | | 3.77 | |
| 98.612 | X-0.5-1 | 595.48 | 601.41 | 130.17 | 148.80 | 204.28 | 200.44 | 261.03 | 252.17 | 5.32 | 5.14 |
| | X-0.5-2 | 612.27 | | 151.57 | | 202.42 | | 258.28 | | 5.26 | |
| | X-0.5-3 | 596.48 | | 164.65 | | 194.63 | | 237.20 | | 4.83 | |
| 118.388 | X-0.6-1 | 745.91 | 753.04 | 153.18 | 176.52 | 205.38 | 216.42 | 387.35 | 360.10 | 7.90 | 7.34 |
| | X-0.6-2 | 762.46 | | 176.21 | | 219.36 | | 366.90 | | 7.48 | |
| | X-0.63 | 750.74 | | 200.19 | | 224.52 | | 326.04 | | 6.65 | |

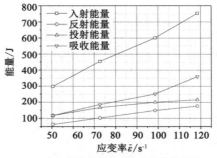

（a）各能量值随应变率的变化曲线

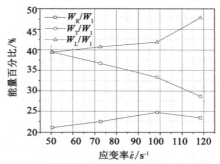

（b）各能量占比随应变率的变化曲线

图 2-10　能量随应变率的变化规律曲线

（2）能耗密度与应变率、入射能量的关系

图 2-11 和图 2-12 分别是能耗密度随应变率、入射能量变化的散点图,采用非线性拟合得到了能耗密度与应变率、入射能量的函数关系:

$$\begin{cases} w = 0.011\ 7\bar{\varepsilon}^{1.343\ 3}, R^2 = 0.971\ 1 \\ w = 0.001\ 6W_I^{1.265\ 8}, R^2 = 0.986\ 0 \end{cases} \tag{2-10}$$

由图 2-11 和图 2-12 可知,能耗密度与应变率、入射能量均呈

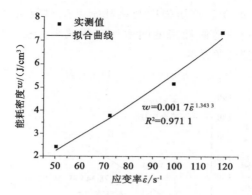

图 2-11 能耗密度随应变率的变化曲线

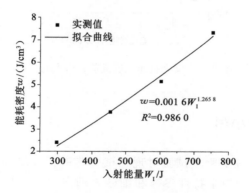

图 2-12 能耗密度随入射能量的变化规律

现幂函数关系,能耗密度随应变率、入射能量的增加而增大,其增加速率也逐渐增大。这是由于随着应变率、入射能量的增加,试样碎块的块度减小,破碎程度增加,消耗的能量增大,能耗密度的增加速率呈指数增大。

（3）动态抗压强度与能耗密度的关系

图 2-13 是动态抗压强度与能耗密度的散点图及数据拟合曲

线。由图可知,动态抗压强度与能耗密度呈对数关系,动态抗压强度的增加速率随能耗密度的增加有所减小。动态抗压强度与能耗密度的拟合关系为:

$$\sigma_d = 78.344\ 8\ln(w + 2.564\ 0), R^2 = 0.970\ 8 \qquad (2\text{-}11)$$

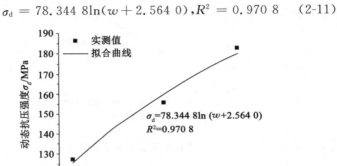

图 2-13　动态抗压强度随能耗密度的变化

## 2.4　本章小结

本章通过实验室试验对现场试验巷道顶板煤、砂质泥岩、细砂岩静态物理力学特性参数和细砂岩动态力学特性参数进行了系统研究。主要结论如下:

(1)煤、砂质泥岩和细砂岩的平均抗压强度分别为9.18 MPa、37.01 MPa 和 98.31 MPa,平均弹性模量分别为 1.52 GPa、4.73 GPa和11.68 GPa,平均泊松比分别为 0.21、0.19 和 0.09,黏聚力分别为 4.82 MPa、12.57 MPa 和 18.20 MPa,内摩擦角分别为 19.05°、23.61°和 45.96°,平均抗拉强度分别为 0.41 MPa、2.9 MPa和9.48 MPa。

（2）当应变率从 50.841 s$^{-1}$ 增加到 118.388 s$^{-1}$ 时，细砂岩的动态抗压强度从 127.47 MPa 增加到 182.86 MPa，弹性模量从 19.91 GPa 增加到 23.12 GPa。随着应变率的增加，细砂岩试样的动态抗压强度、弹性模量和峰值应变等动态力学参数增大。

（3）随着应变率的增加，入射能量、反射能量、透射能量和吸收能量等各系统能量值增大。能耗密度与应变率、入射能量均呈现幂函数关系，能耗密度随应变率、入射能量的增加而增大。

# 3 非贯通预裂顶板变形力学分析

非贯通预裂在小煤柱巷道顶板形成非贯通裂缝,非贯通裂缝改变了顶板结构,从而影响小煤柱巷道围岩稳定性。因此,本章建立高应力小煤柱巷道顶板预裂结构力学模型,研究非贯通预裂基本顶变形规律及应力分布特征,揭示顶板非贯通预裂保护相邻面小煤柱巷道护巷机理,构建基本顶非贯通裂缝在巷道轴向和竖向的断裂扩展力学模型,研究基本顶非贯通裂缝的轴向和竖向断裂扩展规律,提出非贯通裂缝临界扩展判据。

## 3.1 悬顶长度对小煤柱巷道变形的影响

工作面回采后基本顶侧向悬顶长度影响相邻面小煤柱巷道变形。因此,建立工作面回采后基本顶结构力学模型,计算基本顶剪力、弯矩、回转角以及挠度,研究侧向悬顶长度和小煤柱承受载荷对相邻面巷道基本顶变形的影响,可为改变基本顶悬顶长度优化应力环境提供理论依据。

### 3.1.1 力学模型的建立及分析

工作面回采后垮落直接顶不能充满采空区,基本顶岩层在采空侧形成侧向长悬顶结构,回采后基本顶顶板结构示意图如图 3-1 所示。侧向长悬顶载荷作用在相邻面巷道及小煤柱上,影响相邻面巷道及小煤柱应力分布和基本顶变形。

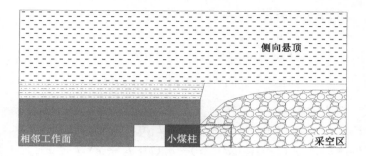

图 3-1　工作面回采后基本顶侧向悬顶结构示意图

　　根据工作面回采后基本顶侧向悬顶结构,建立如图 3-2 所示的力学模型。图中,$q_1$ 是上覆岩层等效载荷,$q_2$ 是小煤柱对顶板的支承载荷,$l$、$l_1$、$d$ 分别是巷道宽度、小煤柱宽度、侧向悬顶长度。

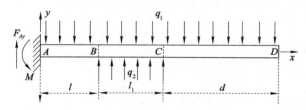

图 3-2　工作面回采后基本顶力学简化模型

　　力学平衡方程为:

$$\begin{cases} F_{x合} = F_{Ax} = 0 \\ F_{y合} = F_{Ay} + q_2 l_1 - q_1 (l + l_1 + d) = 0 \\ M(A) = M + q_2 l_1 \left( l + \dfrac{l_1}{2} \right) - \dfrac{1}{2} q_1 (l + l_1 + d)^2 = 0 \end{cases} \tag{3-1}$$

式中:$F_{x合}$、$F_{y合}$ 分别是 $x$ 方向和 $y$ 方向合力,N;$F_{Ax}$、$F_{Ay}$ 分别是固定端 $x$ 方向和 $y$ 方向的力,N;$M$ 是固定端弯矩,N・m;$M(A)$ 是 $A$ 点弯矩,N・m。

由式(3-1)解得：

$$
\begin{cases}
F_{Ax} = 0 \\
F_{Ay} = q_1(l + l_1 + d) - q_2 l_1 \\
M = \dfrac{1}{2} q_1 (l + l_1 + d)^2 - q_2 l_1 \left(l + \dfrac{l_1}{2}\right)
\end{cases}
\tag{3-2}
$$

剪力方程为：

$$
\begin{cases}
F_{S1}(x) = q_1(l + l_1 + d - x) - q_2 l_1, 0 < x \leqslant l \\
F_{S2}(x) = q_1(l + l_1 + d - x) - q_2(l + l_1 - x), l < x \leqslant l + l_1 \\
F_{S3}(x) = q_1(l + l_1 + d - x), l + l_1 < x \leqslant l + l_1 + d
\end{cases}
$$

$$\tag{3-3}$$

弯矩方程为：

$$
\begin{cases}
M_1(x) = \dfrac{1}{2} q_1 (l + l_1 + d - x)^2 - q_2 l_1 \left(l + \dfrac{1}{2} l_1 - x\right), \\
\quad 0 < x \leqslant l \\
M_2(x) = \dfrac{1}{2} q_1 (l + l_1 + d - x)^2 - \dfrac{1}{2} q_2 (l + l_1 - x)^2, \\
\quad l < x \leqslant l + l_1 \\
M_3(x) = \dfrac{1}{2} q_1 (l + l_1 + d - x)^2, \\
\quad l + l_1 < x \leqslant l + l_1 + d
\end{cases}
$$

$$\tag{3-4}$$

$AB$ 段($0 < x \leqslant l$)的转角方程 $\theta_1$ 和挠度方程 $w_1$ 分别为：

$$
\begin{aligned}
\theta_1 &= \frac{1}{EI} \int \left[ \frac{1}{2} q_1 (l + l_1 + d - x)^2 - q_2 l_1 \left(l + \frac{1}{2} l_1 - x\right) \right] \mathrm{d}x \\
&= -\frac{1}{6EI} q_1 (l + l_1 + d - x)^3 + \frac{1}{2EI} q_2 l_1 x^2 - \\
&\quad \frac{1}{2EI} q_2 l_1 (2l + l_1) x + C_1
\end{aligned}
\tag{3-5}
$$

$$
w_1 = \int \left[ -\frac{1}{6EI} q_1 (l + l_1 + d - x)^3 + \frac{1}{2EI} q_2 l_1 x^2 - \right.
$$

$$\frac{1}{2EI}q_2 l_1 (2l + l_1) x + C_1 \Big] \mathrm{d}x$$

$$= \frac{1}{24EI}q_1 (l + l_1 + d - x)^4 + \frac{1}{6EI}q_2 l_1 x^3 -$$

$$\frac{1}{4EI}q_2 l_1 (2l + l_1) x^2 + C_1 x + D_1 \qquad (3\text{-}6)$$

$BC$ 段($l < x \leqslant l + l_1$)的转角方程 $\theta_2$ 和挠度方程 $w_2$ 分别为：

$$\theta_2 = \frac{1}{EI}\int \Big[ \frac{1}{2}q_1 (l + l_1 + d - x)^2 - \frac{1}{2}q_2 (l + l_1 - x)^2 \Big] \mathrm{d}x$$

$$= -\frac{1}{6EI}q_1 (l + l_1 + d - x)^3 + \frac{1}{6EI}q_2 (l + l_1 - x)^3 + C_2$$

$$(3\text{-}7)$$

$$w_2 = \int \Big[ -\frac{1}{6EI}q_1 (l + l_1 + d - x)^3 + \frac{1}{6EI}q_2 (l + l_1 - x)^3 + C_2 \Big] \mathrm{d}x$$

$$= \frac{1}{24EI}q_1 (l + l_1 + d - x)^4 - \frac{1}{24EI}q_2 (l + l_1 - x)^4 + C_2 x + D_2$$

$$(3\text{-}8)$$

$CD$ 段($l + l_1 < x \leqslant l + l_1 + d$)的转角方程 $\theta_3$ 和挠度方程 $w_3$ 分别为：

$$\theta_3 = \frac{1}{EI}\int \frac{1}{2}q_1 (l + l_1 + d - x)^2 \mathrm{d}x$$

$$= -\frac{1}{6EI}q_1 (l + l_1 + d - x)^3 + C_3 \qquad (3\text{-}9)$$

$$w_3 = \int \Big[ -\frac{1}{6EI}q_1 (l + l_1 + d - x)^3 + C_3 \Big] \mathrm{d}x$$

$$= \frac{1}{24EI}q_1 (l + l_1 + d - x)^4 + C_3 x + D_3 \qquad (3\text{-}10)$$

式中：$I$ 是横截面对中性轴的惯性矩，对于宽为 $b_0$、高为 $h_0$ 的矩形截面，$I = b_0 h_0^3 / 12$；$E$ 是弹性模量，GPa；$C_1$、$D_1$、$C_2$、$D_2$、$C_3$、$D_3$ 为待定系数。

连续条件和边界条件为：

$$\begin{cases} x=0 \text{ 时}, \theta_1=0, w_1=0 \\ x=l \text{ 时}, \theta_1=\theta_2, w_1=w_2 \\ x=l+l_1 \text{ 时}, \theta_2=\theta_3, w_2=w_3 \end{cases} \quad (3\text{-}11)$$

由连续条件和边界条件解得：

$$\begin{cases} C_1=\dfrac{1}{6EI}q_1(l+l_1+d)^3, D_1=-\dfrac{1}{24EI}q_1(l+l_1+d)^4 \\[2mm] C_2=C_3=\dfrac{1}{6EI}\left[3q_2l_1l^2-3q_2l_1(2l+l_1)l+q_1(l+l_1+d)^3-q_2l_1^3\right] \\[2mm] D_2=D_3=\dfrac{1}{24EI}\left[q_2l_1^4+18q_2l_1^2l^2-20q_2l_1l^3+\right. \\[2mm] \qquad \left. 8q_1(l+l_1+d)^3l-q_1(l+l_1+d)^4\right] \end{cases} \quad (3\text{-}12)$$

因此，得到梁的转角方程为：

$$\begin{cases} \theta_1=-\dfrac{1}{6EI}q_1(l+l_1+d-x)^3+\dfrac{1}{2EI}q_2l_1x^2- \\[2mm] \qquad \dfrac{1}{2EI}q_2l_1(2l+l_1)x+\dfrac{1}{6EI}q_1(l+l_1+d)^3, 0<x\leqslant l \\[2mm] \theta_2=-\dfrac{1}{6EI}q_1(l+l_1+d-x)^3+\dfrac{1}{6EI}q_2(l+l_1-x)^3+ \\[2mm] \qquad \dfrac{1}{6EI}\left[3q_2l_1l^2-3q_2l_1(2l+l_1)l+q_1(l+l_1+d)^3-q_2l_1^3\right], \\[2mm] \qquad l<x\leqslant l+l_1 \\[2mm] \theta_3=-\dfrac{1}{6EI}q_1(l+l_1+d-x)^3+ \\[2mm] \qquad \dfrac{1}{6EI}\left[3q_2l_1l^2-3q_2l_1(2l+l_1)l+q_1(l+l_1+d)^3-q_2l_1^3\right], \\[2mm] \qquad l+l_1<x\leqslant l+l_1+d \end{cases}$$

$$(3\text{-}13)$$

梁的挠曲线方程为：

$$
\begin{cases}
w_1 = \dfrac{1}{24EI}q_1(l+l_1+d-x)^4 + \dfrac{1}{6EI}q_2 l_1 x^3 - \\
\qquad \dfrac{1}{4EI}q_2 l_1(2l+l_1)x^2 + \dfrac{1}{6EI}q_1(l+l_1+d)^3 x - \dfrac{1}{24EI}q_1 \cdot \\
\qquad (l+l_1+d)^4, 0 < x \leqslant l \\
w_2 = \dfrac{1}{24EI}q_1(l+l_1+d-x)^4 - \dfrac{1}{6EI}q_2(l+l_1-x)^4 + \\
\qquad \dfrac{1}{6EI}\big[3q_2 l_1 l^2 - 3q_2 l_1(2l+l_1)l + q_1(l+l_1+d)^3 - \\
\qquad q_2 l_1^3\big]x + \dfrac{1}{24EI}\big[q_2 l_1^4 + 18q_2 l_1^2 l^2 - 20q_2 l_1 l^3 + \\
\qquad 8q_1(l+l_1+d)^3 l - q_1(l+l_1+d)^4\big], l < x \leqslant l+l_1 \\
w_3 = \dfrac{1}{24EI}q_1(l+l_1+d-x)^4 + \dfrac{1}{6EI}\big[3q_2 l_1 l^2 - \\
\qquad 3q_2 l_1(2l+l_1)l + q_1(l+l_1+d)^3 - q_2 l_1^3\big]x + \\
\qquad \dfrac{1}{24EI}\big[q_2 l_1^4 + 18q_2 l_1^2 l^2 - 20q_2 l_1 l^3 + 8q_1(l+l_1+d)^3 l - \\
\qquad q_1(l+l_1+d)^4\big], l+l_1 < x \leqslant l+l_1+d
\end{cases}
$$

$$(3\text{-}14)$$

由式(3-14)可得小煤柱对基本顶的支承载荷 $q_2$ 为：

$$
q_2 = \frac{q_1 x^4 - 4q_1(l+l_1+d)x^3 + 12q_1(dl+dl_1+ll_1)x^2}{2l_1(6l+3l_1-2x)x^2} +
$$

$$
\frac{6q_1(l^2+l_1^2+d^2)x - 24EIw_1}{2l_1(6l+3l_1-2x)x^2}
$$

$$(3\text{-}15)$$

### 3.1.2 小煤柱巷道顶板变形关键参数分析

由式(3-14)可知,小煤柱巷道顶板的变形规律由顶板岩梁的几何性质、上覆岩层等效载荷、弹性模量、巷道宽度、小煤柱宽度、侧向悬顶长度和小煤柱对顶板的支承载荷等参数共同决定。顶板岩梁的几何性质、上覆岩层等效载荷、弹性模量、巷道宽度、小煤柱宽度等参数与具体工程概况和地质条件有关,为工程中给定参数,无法进行改变。侧向悬顶长度和小煤柱对顶板的支承载荷在工程中为可变参数。因此,分析可变参数对小煤柱巷道顶板变形特征的影响。根据现场工程概况,力学模型中相关参数见表 3-1。

**表 3-1　力学模型中相关参数**

| 参数 | $E$/GPa | $l$/m | $l_1$/m | $q_1$/MPa | $b_0$/m | $h_0$/m | $I$/m$^4$ |
|------|---------|-------|---------|-----------|---------|---------|-----------|
| 数值 | 11.68 | 4.5 | 5.0 | −7.81 | 1 | 10.35 | 92.39 |

　　将表 3-1 相关参数代入式(3-14),可得基本顶最大变形量随侧向悬顶长度和支承载荷的变化规律。图 3-3 所示为侧向悬顶长度和支承载荷对最大变形量的影响规律。由图可得,相邻面巷道和小煤柱基本顶变形量在侧向悬顶长度为 15 m、小煤柱支承载荷为 6 MPa 时为最大值;在侧向悬顶长度为 0 m、小煤柱支承载荷为 14 MPa 时为最小值。相邻面巷道和小煤柱基本顶最大变形量随侧向悬顶长度的增加而增大,随小煤柱对基本顶支承载荷的增大而减小。因此,可通过减小基本顶侧向悬顶长度和增大煤柱支承载荷,从而减小相邻面巷道和小煤柱基本顶变形。

　　基本顶最大变形量和小煤柱支承载荷随悬顶长度的变化规律如图 3-4 所示。由图 3-4(a)可知,相邻面巷道和小煤柱基本顶最大变形量随侧向悬顶长度的增加而增大,且变形量增加速率逐渐增大。由图 3-4(b)可知,侧向悬顶长度对小煤柱支承载荷具有显著影响。随着侧向悬顶长度的增加,小煤柱支承载荷呈非线性增大的规律,其增大速率随着侧向悬顶长度的增加而增大。由此可见,侧向长悬顶导致相邻面巷道和小煤柱承受压力大,巷道变形量增大。通过预裂爆破减小悬顶长度可降低相邻面回采巷道

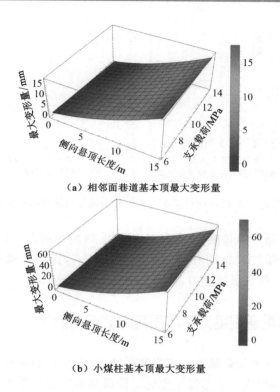

（a）相邻面巷道基本顶最大变形量

（b）小煤柱基本顶最大变形量

图 3-3 基本顶最大变形量变化规律

和小煤柱载荷，实现顶板预裂爆破保护相邻面小煤柱巷道的目的。

综上，基本顶最大变形量受侧向悬顶长度和小煤柱支承载荷的影响，相邻面回采巷道和小煤柱基本顶最大变形量随侧向悬顶长度的增加而增大，随小煤柱支承载荷的增加而减小。小煤柱支承载荷受悬顶长度变化的影响显著，小煤柱支承载荷随着侧向悬顶长度的增加而增大。因此，在回采工作面巷道基本顶超前预裂，工作面回采后采空区基本顶能够沿预制裂缝垮落，减小了基

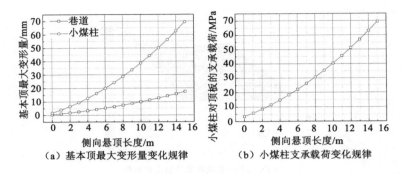

图 3-4 悬顶长度对基本顶变形和小煤柱支承载荷的影响

本顶侧向悬顶的长度,降低了小煤柱上的附加载荷。同时,可对小煤柱采用注浆加固和打对穿锚索的方式,提高小煤柱整体强度,增强小煤柱承载能力,从而减小基本顶变形。

## 3.2 非贯通裂缝对基本顶应力分布的影响

基本顶预裂爆破形成非贯通裂缝后,非贯通裂缝改变了顶板结构,基本顶应力分布发生变化。依据基本顶在非贯通岩体区域和贯通裂缝区域受力特征建立力学模型,研究基本顶在非贯通岩体区域和贯通裂缝区域应力分布特征,揭示非贯通预裂顶板应力分布规律。

### 3.2.1 力学模型的建立

基本顶超前工作面形成非贯通裂缝后,非贯通岩体区域和贯通裂缝区域间隔分布。在非贯通区域,基本顶完整;在贯通裂缝区域,基本顶形成短悬臂结构。超前预裂后基本顶顶板结构示意图如图 3-5 所示。

 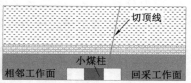

（a）非贯通岩体区域顶板结构　　　（b）贯通裂缝区域顶板结构

图 3-5　超前预裂后基本顶结构示意图

顶板非贯通岩体区域和贯通裂缝区域基本顶力学模型如图 3-6 所示。如图 3-6（a）所示，非贯通岩体区域为两端固支。如图 3-6（b）所示，贯通裂缝区域为一端固支、一端简支。$b$ 是基本顶厚度，$\rho$ 是基本顶岩层密度，$l_2$、$l_3$ 是裂缝距巷道两侧的距离，$\beta$ 是裂缝与竖直方向的夹角，$f$、$F_N$ 是裂缝面受到的摩擦力和挤压力。

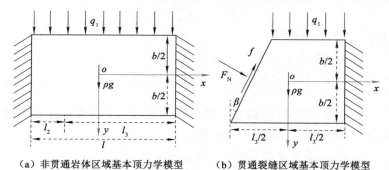

（a）非贯通岩体区域基本顶力学模型　　（b）贯通裂缝区域基本顶力学模型

图 3-6　基本顶力学模型

## 3.2.2　力学模型的求解及分析

由力学模型可知：体力分量 $f_x$ 和 $f_y$ 是常量。体力分量的表达式为：

$$f_x = 0, f_y = \rho g \tag{3-16}$$

应力分量 $\sigma_x$、$\sigma_y$、$\tau_{xy}$ 满足平衡微分方程式(3-17)和相容方程(3-18),并在边界上满足应力边界条件。

$$\begin{cases} \dfrac{\partial \sigma_x}{\partial x} + \dfrac{\partial \tau_{xy}}{\partial y} + f_x = 0 \\[3mm] \dfrac{\partial \sigma_y}{\partial y} + \dfrac{\partial \tau_{xy}}{\partial x} + f_y = 0 \end{cases} \tag{3-17}$$

$$\left( \frac{\partial^2}{\partial x^2} + \frac{\partial^2}{\partial y^2} \right)(\sigma_x + \sigma_y) = 0 \tag{3-18}$$

平衡微分方程(3-17)的全解为:

$$\begin{cases} \sigma_x = \dfrac{\partial^2 \Phi}{\partial y^2} - f_x x \\[3mm] \sigma_y = \dfrac{\partial^2 \Phi}{\partial x^2} - f_y y \\[3mm] \tau_{xy} = -\dfrac{\partial^2 \Phi}{\partial x \partial y} \end{cases} \tag{3-19}$$

式中:$\Phi$ 是应力函数。

应力函数表示的相容方程为:

$$\frac{\partial^4 \Phi}{\partial x^4} + 2 \frac{\partial^4 \Phi}{\partial x^2 \partial y^2} + \frac{\partial^4 \Phi}{\partial y^4} = 0 \tag{3-20}$$

由于体力为常量,因此只需由微分方程(3-20)求解应力函数 $\Phi$,然后用式(3-19)求解应力分量。

应力 $\sigma_y$ 不受 $x$ 的影响,$\sigma_y$ 为 $y$ 的函数,则:

$$\sigma_y = \frac{\partial^2 \Phi}{\partial x^2} = f(y) \tag{3-21}$$

对 $x$ 进行两次积分得:

$$\Phi = \frac{1}{2} x^2 f(y) + x f_1(y) + f_2(y) \tag{3-22}$$

式中:$f_1(y)$、$f_2(y)$ 是任意待定函数。

式(3-22)的四阶导数为:

$$\begin{cases} \dfrac{\partial^4 \Phi}{\partial x^4} = 0 \\[2mm] \dfrac{\partial^4 \Phi}{\partial x^2 \partial y^2} = \dfrac{\mathrm{d}^2 f(y)}{\mathrm{d} y^2} \\[2mm] \dfrac{\partial^4 \Phi}{\partial y^4} = \dfrac{1}{2} x^2 \dfrac{\mathrm{d}^4 f(y)}{\mathrm{d} y^4} + x \dfrac{\mathrm{d}^4 f_1(y)}{\mathrm{d} y^4} + \dfrac{\mathrm{d}^4 f_2(y)}{\mathrm{d} y^4} \end{cases} \tag{3-23}$$

将式(3-23)代入应力函数表示的相容方程(3-20)得：

$$\frac{1}{2} \frac{\mathrm{d}^4 f(y)}{\mathrm{d} y^4} x^2 + \frac{\mathrm{d}^4 f_1(y)}{\mathrm{d} y^4} x + \frac{\mathrm{d}^4 f_2(y)}{\mathrm{d} y^4} + 2 \frac{\mathrm{d}^2 f(y)}{\mathrm{d} y^2} = 0$$

$$\tag{3-24}$$

由于全梁内的 $x$ 值都满足式(3-24)，因此，二次方程的系数和自由项等于 0，即

$$\begin{cases} \dfrac{\mathrm{d}^4 f(y)}{\mathrm{d} y^4} = 0 \\[2mm] \dfrac{\mathrm{d}^4 f_1(y)}{\mathrm{d} y^4} = 0 \\[2mm] \dfrac{\mathrm{d}^4 f_2(y)}{\mathrm{d} y^4} + 2 \dfrac{\mathrm{d}^2 f(y)}{\mathrm{d} y^2} = 0 \end{cases} \tag{3-25}$$

将式(3-25)积分得：

$$\begin{cases} f(y) = A_1 y^3 + B_1 y^2 + C_1 y + D_1 \\ f_1(y) = A_2 y^3 + B_2 y^2 + C_2 y + D_2 \\ f_2(y) = -\dfrac{1}{10} A_1 y^5 - \dfrac{1}{6} B_1 y^4 + A_3 y^3 + B_3 y^2 + C_3 y + D_3 \end{cases} \tag{3-26}$$

将式(3-26)代入式(3-22)得应力函数 $\Phi$：

$$\Phi = \frac{1}{2} x^2 (A_1 y^3 + B_1 y^2 + C_1 y + D_1) +$$

$$x(A_2 y^3 + B_2 y^2 + C_2 y + D_2) -$$

$$\frac{1}{10} A_1 y^5 - \frac{1}{6} B_1 y^4 + A_3 y^3 + B_3 y^2 + C_3 y + D_3 \tag{3-27}$$

将式(3-16)和式(3-27)代入式(3-19)得应力分量：

$$
\begin{cases}
\sigma_x = \dfrac{1}{2}x^2(6A_1y + 2B_1) + x(6A_2y + 2B_2) - \\
\qquad 2A_1y^3 - 2B_1y^2 + 6A_3y + 2B_3 \\
\sigma_y = A_1y^3 + B_1y^2 + C_1y + D_1 - \rho gy \\
\tau_{xy} = -x(3A_1y^2 + 2B_1y + C_1) - (3A_2y^2 + 2B_2y + C_2)
\end{cases} \tag{3-28}
$$

（1）非贯通岩体区域顶板应力分布

考虑对称性，$\sigma_x$ 和 $\sigma_y$ 是关于 $x$ 的偶函数，$\tau_{xy}$ 是关于 $x$ 的奇函数，则由式(3-28)可得：

$$A_2 = 0, B_2 = 0, C_2 = 0 \tag{3-29}$$

模型上下两边的边界条件：

$$
\begin{cases}
(\sigma_y)_{y=b/2} = 0 \\
(\sigma_y)_{y=-b/2} = -q_1 \\
(\tau_{xy})_{y=\pm b/2} = 0
\end{cases} \tag{3-30}
$$

将式(3-30)代入式(3-28)可得：

$$
\begin{cases}
\dfrac{b^3}{8}A_1 + \dfrac{b^2}{4}B_1 + \dfrac{b}{2}C_1 + D_1 - \dfrac{b}{2}\rho g = 0 \\
-\dfrac{b^3}{8}A_1 + \dfrac{b^2}{4}B_1 - \dfrac{b}{2}C_1 + D_1 + \dfrac{b}{2}\rho g = -q_1 \\
\dfrac{3}{4}A_1b^2 + B_1b + C_1 = 0 \\
\dfrac{3}{4}A_1b^2 - B_1b + C_1 = 0
\end{cases} \tag{3-31}
$$

由式(3-31)解得：

$$A_1 = -2\left(\dfrac{\rho g}{b^2} + \dfrac{q_1}{b^3}\right), B_1 = 0, C_1 = \dfrac{3}{2}\left(\rho g + \dfrac{q_1}{b}\right), D_1 = -\dfrac{q_1}{2} \tag{3-32}$$

将式(3-29)和式(3-32)代入式(3-28)可得：

$$\begin{cases} \sigma_x = -6\left(\dfrac{\rho g}{b^2} + \dfrac{q_1}{b^3}\right)x^2 y + 4\left(\dfrac{\rho g}{b^2} + \dfrac{q_1}{b^3}\right)y^3 + 6A_3 y + 2B_3 \\[3mm] \sigma_y = -2\left(\dfrac{\rho g}{b^2} + \dfrac{q_1}{b^3}\right)y^3 + \left(\dfrac{1}{2}\rho g + \dfrac{3q_1}{2b}\right)y - \dfrac{q_1}{2} \\[3mm] \tau_{xy} = 6\left(\dfrac{\rho g}{b^2} + \dfrac{q_1}{b^3}\right)xy^2 - \dfrac{3}{2}\left(\rho g + \dfrac{q_1}{b}\right)x \end{cases} \tag{3-33}$$

在非贯通区域,巷道基本顶两端为固定端,由于模型的对称性,只考虑模型右边界。右边界应力条件为:

$$\begin{cases} \displaystyle\int_{-\frac{b}{2}}^{\frac{b}{2}} (\sigma_x)_{x=l/2}\, \mathrm{d}y = 0 \\[3mm] \displaystyle\int_{-\frac{b}{2}}^{\frac{b}{2}} (\sigma_x)_{x=l/2}\, y\mathrm{d}y = -\dfrac{1}{12}q_1 l^2 \end{cases} \tag{3-34}$$

将式(3-33)代入式(3-34)可得:

$$\begin{cases} 2bB_3 = 0 \\[3mm] \dfrac{1}{2}A_3 b^3 + \dfrac{1}{20}b^3 \rho g - \dfrac{1}{8}b\rho g l^2 + \dfrac{1}{20}b^2 q_1 - \dfrac{1}{8}q_1 l^2 = -\dfrac{1}{12}q_1 l^2 \end{cases} \tag{3-35}$$

由式(3-35)解得:

$$A_3 = \frac{\rho g l^2}{4b^2} - \frac{\rho g}{10} + \frac{q_1 l^2}{12b^3} - \frac{q_1}{10b}, B_3 = 0 \tag{3-36}$$

将式(3-36)代入式(3-33)可得应力分量表达式为:

$$\begin{cases} \sigma_x = -6\left(\dfrac{\rho g}{b^2} + \dfrac{q_1}{b^3}\right)x^2 y + 4\left(\dfrac{\rho g}{b^2} + \dfrac{q_1}{b^3}\right)y^3 + \\[3mm] \qquad \left(\dfrac{3\rho g l^2}{2b^2} - \dfrac{3\rho g}{5} + \dfrac{q_1 l^2}{2b^3} - \dfrac{3q_1}{5b}\right)y \\[3mm] \sigma_y = -2\left(\dfrac{\rho g}{b^2} + \dfrac{q_1}{b^3}\right)y^3 + \dfrac{1}{2}\left(\rho g + \dfrac{3q_1}{b}\right)y - \dfrac{q_1}{2} \\[3mm] \tau_{xy} = 6\left(\dfrac{\rho g}{b^2} + \dfrac{q_1}{b^3}\right)xy^2 - \dfrac{3}{2}\left(\rho g + \dfrac{q_1}{b}\right)x \end{cases} \tag{3-37}$$

　　根据现场工程概况,由式(3-37)可得巷道基本顶岩体非贯通区域 $x$ 方向应力 $\sigma_x$ 分布云图、剪应力 $\tau_{xy}$ 分布云图和 $y$ 方向应力 $\sigma_y$ 分布曲线,如图 3-7 所示。由图可知,在非贯通岩体区域,基本

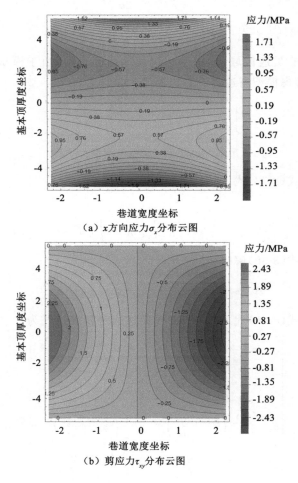

（a）$x$ 方向应力 $\sigma_x$ 分布云图

（b）剪应力 $\tau_{xy}$ 分布云图

图 3-7　基本顶岩体非贯通区域应力分布

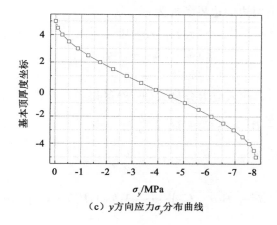

（c）$y$方向应力$\sigma_y$分布曲线

图 3-7 （续）

顶 $x$ 方向应力 $\sigma_x$ 和剪应力 $\tau_{xy}$ 对称分布,在基本顶两端和上下边界应力大小基本相同;$y$ 方向应力 $\sigma_y$ 在基本顶上边界值最大,在基本顶下边界值最小。

由图 3-7 可知,在梁截面中心 $\left(0,\pm\dfrac{b}{2}\right)$ 处,$\sigma_x$ 具有最大值,则

$$(\sigma_x)_{\max} = \frac{\rho g b}{5} + \frac{3\rho g l^2}{4b} + \frac{q_1}{5} + \frac{q_1 l^2}{4b^2} \qquad (3\text{-}38)$$

在梁上边界 $y = -b/2$ 处,$\sigma_y$ 具有最大值,则

$$(\sigma_y)_{\max} = -q_1 \qquad (3\text{-}39)$$

在梁固定端截面中心 $\left(\pm\dfrac{l}{2},0\right)$ 处,剪应力 $\tau_{xy}$ 具有最大值,则

$$(\tau_{xy})_{\max} = \frac{3}{4}\left(\rho g + \frac{q_1}{b}\right)l \qquad (3\text{-}40)$$

（2）贯通裂缝区域顶板应力分布

模型上下两边的边界条件为：

$$\begin{cases} (\sigma_y)_{y=b/2} = 0 \\ (\sigma_y)_{y=-b/2} = -q_1 \\ (\tau_{xy})_{y=\pm b/2} = 0 \end{cases} \tag{3-41}$$

将式(3-41)代入应力分量式(3-28)可得：

$$\begin{cases} \dfrac{b^3}{8}A_1 + \dfrac{b^2}{4}B_1 + \dfrac{b}{2}C_1 + D_1 - \dfrac{b}{2}\rho g = 0 \\ -\dfrac{b^3}{8}A_1 + \dfrac{b^2}{4}B_1 - \dfrac{b}{2}C_1 + D_1 + \dfrac{b}{2}\rho g = -q_1 \\ -x\left(\dfrac{3}{4}A_1 b^2 + B_1 b + C_1\right) - \left(\dfrac{3}{4}A_2 b^2 + B_2 b + C_2\right) = 0 \\ -x\left(\dfrac{3}{4}A_1 b^2 - B_1 b + C_1\right) - \left(\dfrac{3}{4}A_2 b^2 - B_2 b + C_2\right) = 0 \end{cases} \tag{3-42}$$

在上下边界，对于任意 $x$ 剪应力均为 $0$，可得：

$$\begin{cases} \dfrac{3}{4}A_1 b^2 + B_1 b + C_1 = 0 \\ \dfrac{3}{4}A_1 b^2 - B_1 b + C_1 = 0 \\ \dfrac{3}{4}A_2 b^2 + B_2 b + C_2 = 0 \\ \dfrac{3}{4}A_2 b^2 - B_2 b + C_2 = 0 \end{cases} \tag{3-43}$$

联立式(3-42)和式(3-43)，解得：

$$A_1 = -2\left(\frac{\rho g}{b^2} + \frac{q_1}{b^3}\right), B_1 = 0, C_1 = \frac{3}{2}\left(\rho g + \frac{q_1}{b}\right), D_1 = -\frac{q_1}{2},$$

$$B_2 = 0, C_2 = -\frac{3}{4}A_2 b^2 \tag{3-44}$$

将式(3-44)代入式(3-28)可得：

$$
\begin{cases}
\sigma_x = -6\left(\dfrac{\rho g}{b^2}+\dfrac{q_1}{b^3}\right)x^2 y + 6A_2 xy + 4\left(\dfrac{\rho g}{b^2}+\dfrac{q_1}{b^3}\right)y^3 + 6A_3 y + 2B_3 \\[2mm]
\sigma_y = -2\left(\dfrac{\rho g}{b^2}+\dfrac{q_1}{b^3}\right)y^3 + \left(\dfrac{1}{2}\rho g + \dfrac{3q_1}{2b}\right)y - \dfrac{q_1}{2} \\[2mm]
\tau_{xy} = 6\left(\dfrac{\rho g}{b^2}+\dfrac{q_1}{b^3}\right)xy^2 - \dfrac{3}{2}\left(\rho g + \dfrac{q_1}{b}\right)x - 3A_2\left(y^2 - \dfrac{1}{4}b^2\right)
\end{cases}
$$

$$(3\text{-}45)$$

模型左边界为应力边界,边界 $x$、$y$ 坐标关系为:

$$
x = -\frac{l_3}{2} + \frac{b}{2}\tan\beta - y\tan\beta,
$$

$$
-\frac{l_3}{2} \leqslant x \leqslant -\frac{l_3}{2} + b\tan\beta,\ -\frac{b}{2} \leqslant y \leqslant \frac{b}{2} \qquad (3\text{-}46)
$$

左边界为斜面,斜面上的应力分量在 $x$ 方向和 $y$ 方向的分量 $\overline{f}_x$、$\overline{f}_y$ 为:

$$
\begin{cases}
\overline{f}_x = l'\sigma_x + m'\tau_{xy} = -\sigma_x\cos\beta - \tau_{xy}\sin\beta \\
\overline{f}_y = m'\sigma_y + l'\tau_{xy} = -\sigma_y\sin\beta - \tau_{xy}\cos\beta
\end{cases}
\qquad (3\text{-}47)
$$

式中:$l'$、$m'$ 为斜面外法线方向余弦,其表达式为

$$
l' = \cos(N,x) = -\cos\beta,\ m' = \cos(N,y) = -\sin\beta
$$

外力在 $x$ 方向和 $y$ 方向的分量为

$$
\begin{cases}
F_x = F_N\cos\beta + f\sin\beta \\
F_y = F_N\sin\beta - f\cos\beta
\end{cases}
\qquad (3\text{-}48)
$$

在模型左边界上,$\sigma_x$、$\sigma_y$、$\tau_{xy}$ 在边界上合成的主矢与外力在此边界上合力相等,主矩为零。因此,

$$
\begin{cases}
\displaystyle\int_{-\frac{b}{2}}^{\frac{b}{2}} (-\sigma_x\cos\beta - \tau_{xy}\sin\beta)\,\mathrm{d}y = F_x \\[3mm]
\displaystyle\int_{-\frac{b}{2}}^{\frac{b}{2}} (-\sigma_y\sin\beta - \tau_{xy}\cos\beta)\,\mathrm{d}y = F_y \\[3mm]
\displaystyle\int_{-\frac{b}{2}}^{\frac{b}{2}} (-\sigma_x\cos\beta - \tau_{xy}\sin\beta)y\,\mathrm{d}y = 0
\end{cases}
\qquad (3\text{-}49)
$$

将式(3-48)和式(3-45)代入式(3-49)，解得：

$$
\begin{cases}
A_2 = \dfrac{2f - l_3(\rho gb + q_1) + (\rho gb^2 + 2q_1 b - 2F_N)\tan\beta}{b^3} \\[3mm]
A_3 = \dfrac{fl_3}{b^3} - \dfrac{(2b^2 + 5l_3^2)(\rho gb + q_1)}{20b^3} + \\[3mm]
\qquad \dfrac{(\rho gb^2 l_3 + 2q_1 l_3 b - 2bf - 2F_N l_3)\tan\beta}{2b^3} + \\[3mm]
\qquad \dfrac{(10F_N - 2\rho gb^2 - 7q_1 b)\tan^2\beta}{10b^2} \\[3mm]
B_3 = -\dfrac{F_N + f\tan\beta}{2b}
\end{cases}
\qquad (3\text{-}50)
$$

将式(3-50)代入式(3-45)可得应力分量表达式为：

$$
\begin{cases}
\sigma_x = -6\left(\dfrac{\rho g}{b^2} + \dfrac{q_1}{b^3}\right)x^2 y + \\[3mm]
\qquad \dfrac{6[2f - l_3(\rho gb + q_1) + (\rho gb^2 + 2q_1 b - 2F_N)\tan\beta]}{b^3}xy + \\[3mm]
\qquad 4\left(\dfrac{\rho g}{b^2} + \dfrac{q_1}{b^3}\right)y^3 + \dfrac{6fl_3}{b^3}y - \dfrac{3(2b^2 + 5l_3^2)(\rho gb + q_1)}{10b^3}y - \\[3mm]
\qquad \dfrac{F_N + f\tan\beta}{b} + \dfrac{3(\rho gb^2 l_3 + 2q_1 l_3 b - 2bf - 2F_N l_3)\tan\beta}{b^3}y + \\[3mm]
\qquad \dfrac{3(10F_N - 2\rho gb^2 - 7q_1 b)\tan^2\beta}{5b^2}y \\[3mm]
\sigma_y = -2\left(\dfrac{\rho g}{b^2} + \dfrac{q_1}{b^3}\right)y^3 + \left(\dfrac{1}{2}\rho g + \dfrac{3q_1}{2b}\right)y - \dfrac{q_1}{2} \\[3mm]
\tau_{xy} = 6\left(\dfrac{\rho g}{b^2} + \dfrac{q_1}{b^3}\right)xy^2 - \dfrac{3}{2}\left(\rho g + \dfrac{q_1}{b}\right)x - \\[3mm]
\qquad \dfrac{3}{b^3}\left(y^2 - \dfrac{1}{4}b^2\right)[2f - l_3(\rho gb + q_1) + \\[3mm]
\qquad (\rho gb^2 + 2q_1 b - 2F_N)\tan\beta]
\end{cases}
$$

$$(3\text{-}51)$$

当裂缝与竖直方向的夹角角度 $\beta$ 为 $0°$ 时,式(3-51)可表示为:

$$
\begin{cases}
\sigma_x = -6\left(\dfrac{\rho g}{b^2}+\dfrac{q_1}{b^3}\right)x^2 y + 4\left(\dfrac{\rho g}{b^2}+\dfrac{q_1}{b^3}\right)y^3 + \\[2mm]
\qquad \dfrac{6[2f-l_3(\rho g b + q_1)]}{b^3}xy + \dfrac{6f l_3}{b^3}y - \\[2mm]
\qquad \dfrac{3(2b^2+5l_3^2)(\rho g b + q_1)}{10b^3}y - \dfrac{F_N}{b} \\[2mm]
\sigma_y = -2\left(\dfrac{\rho g}{b^2}+\dfrac{q_1}{b^3}\right)y^3 + \left(\dfrac{1}{2}\rho g + \dfrac{3q_1}{2b}\right)y - \dfrac{q_1}{2} \\[2mm]
\tau_{xy} = 6\left(\dfrac{\rho g}{b^2}+\dfrac{q_1}{b^3}\right)xy^2 - \dfrac{3}{2}\left(\rho g + \dfrac{q_1}{b}\right)x - \dfrac{3}{b^3}\left(y^2 - \dfrac{1}{4}b^2\right)\cdot \\[2mm]
\qquad [2f - l_3(\rho g b + q_1)]
\end{cases} \tag{3-52}
$$

对比式(3-37)可知,贯通裂缝区域 $y$ 方向应力 $\sigma_y$ 与非贯通岩体区域应力分布相同。根据现场工程概况,贯通裂缝区域 $x$ 方向应力 $\sigma_x$ 分布云图、剪应力 $\tau_{xy}$ 分布云图如图3-8所示。由图可知,在贯通裂缝区域,基本顶悬臂梁固定端应力增大,基本顶超前预制裂缝改变了基本顶应力分布形态。

当工作面回采时,由于超前支承压力的作用,基本顶载荷增大。在不同基本顶载荷作用下,非贯通岩体区域和贯通裂缝区域固定端最大应力值变化规律如图3-9所示。由图3-9可知,岩体非贯通区域和贯通裂缝区域固定端应力随着基本顶载荷的增大而增大。对于 $x$ 方向应力 $\sigma_x$ 和剪应力 $\tau_{xy}$,贯通裂缝区域较岩体非贯通区域应力值大。岩体非贯通区域和贯通裂缝区域相间隔分布,在岩体非贯通区域固定端应力值小,贯通裂缝区域固定端应力值大。因此,由于非贯通区域的存在,在超前支承压力影响范围内,能够减小巷道基本顶受力,保证预裂巷道的维护。在工作面端头,贯通裂缝区域应力值达到最大,不利于端头的维护,而非贯通岩体区域的存在减小了端头的受力,保证了工作面的安全开采。

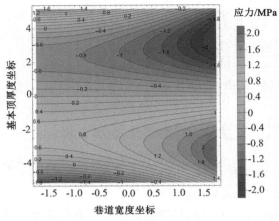

（a）x方向应力$\sigma_x$分布云图

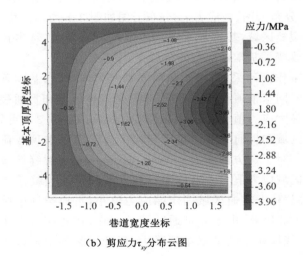

（b）剪应力$\tau_{xy}$分布云图

图 3-8　基本顶贯通裂缝区域应力分布

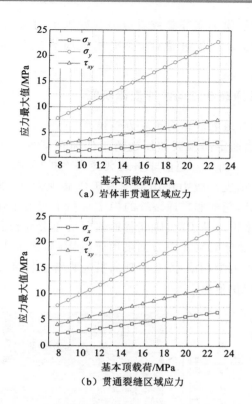

（a）岩体非贯通区域应力

（b）贯通裂缝区域应力

图 3-9　基本顶载荷对固定端应力最大值的影响

## 3.3　基本顶非贯通裂缝扩展规律研究

　　根据巷道基本顶非贯通裂缝结构特征,建立基本顶非贯通裂缝在巷道轴向和竖向的力学模型,研究非贯通裂缝应力强度因子和起裂角度,提出基本顶非贯通裂缝在巷道轴向和竖向的临界扩展准则,并分析裂缝与竖直方向的夹角、裂缝垂高与基本顶厚度的比值、侧向悬顶长度等参数对应力强度因子的影响,揭示基本顶非贯通裂缝失稳扩展规律,提出非贯通裂缝关键参数设计方法。

### 3.3.1 非贯通裂缝轴向扩展规律研究

#### 3.3.1.1 非贯通裂缝轴向扩展力学模型

深孔非贯通定向预裂卸压超前工作面在基本顶形成非贯通裂缝,如图 3-10 所示。超前非贯通裂缝失稳扩展时,预裂巷道压力增大,在超前支承应力作用范围内矿压显现剧烈,端头区域维护困难。因此,超前非贯通裂缝的稳定有利于超前工作面巷道和端头区域的维护。基于此,研究巷道轴向贯通裂缝长和非贯通岩体长对 I-Ⅲ复合型裂缝应力强度因子的影响,提出 I-Ⅲ复合型裂缝失稳扩展力学判据,为巷道轴向贯通裂缝长度和非贯通岩体长度的确定提供依据。

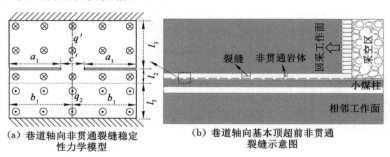

(a) 巷道轴向非贯通裂缝稳定性力学模型　　(b) 巷道轴向基本顶超前非贯通裂缝示意图

图 3-10　基本顶超前非贯通裂缝分布示意图及力学模型

根据巷道轴向基本顶非贯通裂缝分布特征,建立如图 3-10 所示的力学模型,研究巷道轴向非贯通裂缝的稳定性。图中,$q'$ 为上覆岩层对基本顶施加载荷与岩块自重之和,$q_2$ 是小煤柱对顶板的支承载荷,$l_2$、$l_3$、$l_5$ 分别是裂缝与小煤柱帮的水平距离、裂缝距实体帮的水平距离、小煤柱宽度的 $1/2$，$c'$ 是巷道轴向非贯通岩体长度，$a_1$ 是巷道轴向裂缝长度的 $1/2$，$b_1$ 是巷道轴向非贯通岩体长度与裂缝长度和的 $1/2$。

由巷道轴向基本顶非贯通裂缝受力情况可知，裂缝类型为 I-III 复合型裂缝。如图 3-11 所示，将力学模型简化为在拉应力和剪力作用下含双边裂缝有限板模型，计算含双边裂缝有限板在简单载荷作用下的应力强度因子。

（a）拉应力作用

（b）裂纹面受集中剪力作用

图 3-11　基本顶轴向非贯通裂缝受力等效简图

根据含双边裂缝有限板应力强度因子计算公式，简单载荷作用下应力强度因子计算公式[209]如下：

（1）水平力作用下双边裂缝应力强度因子计算。

双边裂缝受单向均匀拉伸作用应力强度因子计算公式为：

$$K'_{I\sigma} = \sigma_1\sqrt{\pi a_1}\, F_5\left(\frac{a_1}{b_1}\right) \tag{3-53}$$

式中：$K'_{I\sigma}$ 是双边裂缝面上的 I 型应力强度因子，$N \cdot m^{-3/2}$；$\sigma_1$ 是板两端受到的拉应力，MPa；$F_5\left(\dfrac{a_1}{b_1}\right)$ 是边界修正因子，无量纲参数，表达式为：

$$F_5\left(\frac{a_1}{b_1}\right) = \left[1.122 - 0.561\left(\frac{a_1}{b_1}\right) - 0.205\left(\frac{a_1}{b_1}\right)^2 + \right.$$

$$\left. 0.471\left(\frac{a_1}{b_1}\right)^3 - 0.190\left(\frac{a_1}{b_1}\right)^4\right]/\sqrt{1 - \frac{a_1}{b_1}} \quad (3\text{-}54)$$

（2）反平面剪力作用下双边裂缝应力强度因子计算。

双边裂缝受到的集中剪力 $T$ 为：

$$T = (q'l_3 - q_2 l_5)b_1 = \left[(q''_1 + G')l_3 - q_2 l_5\right]b_1 \quad (3\text{-}55)$$

式中：$q''_1$ 是上覆岩层对基本顶施加的载荷，N；$G'$ 是岩块自重，N。

在离板边为 $c_1 = b_1/2$ 处，裂缝表面上受反平面集中剪力 $T$，其应力强度因子为：

$$K_{\text{III}T} = T\frac{2}{\sqrt{2b_1}}F_6\left(\frac{a_1}{b_1}\right) \quad (3\text{-}56)$$

式中：$K_{\text{III}T}$ 是双边裂缝面上的 III 型应力强度因子，N·m$^{-3/2}$；$F_6\left(\frac{a_1}{b_1}\right)$ 是边界修正因子，无量纲参数，表达式为：

$$F_6\left(\frac{a_1}{b_1}\right) = \frac{\sqrt{\tan\dfrac{\pi a_1}{2b_1}}}{\sqrt{1 - \left(\cos\dfrac{\pi a_1}{2b_1}\Big/\cos\dfrac{\pi c_1}{2b_1}\right)^2}} \quad (3\text{-}57)$$

由应变能密度因子理论，得应变能密度因子 $S$：

$$S = a_{11}K_{\text{I}}^2 + 2a_{12}K_{\text{I}}K_{\text{II}} + a_{22}K_{\text{II}}^2 + a_{33}K_{\text{III}}^2 \quad (3\text{-}58)$$

式中：

$$\begin{cases} a_{11} = \dfrac{1}{16\pi G}\left[(3 - 4\mu - \cos\theta)(1 + \cos\theta)\right] \\[2mm] a_{12} = \dfrac{1}{8\pi G}\sin\theta\left[\cos\theta - (1 - 2\mu)\right] \\[2mm] a_{22} = \dfrac{1}{16\pi G}\left[4(1 - \mu)(1 - \cos\theta) + (1 + \cos\theta)(3\cos\theta - 1)\right] \\[2mm] a_{33} = \dfrac{1}{4\pi G} \end{cases}$$

应变能密度因子预测裂纹扩展的基本假设为：

（1）裂纹沿着应变能密度因子最小的方向扩展，其开裂角 $\theta_0$ 满足以下条件：

$$\left.\frac{\partial S}{\partial \theta}\right|_{\theta=\theta_0} = 0, \left.\frac{\partial^2 S}{\partial \theta^2}\right|_{\theta=\theta_0} > 0 \tag{3-59}$$

（2）最小应变能密度因子 $S_{\min}$ 达到临界值 $S_C$ 时，裂纹开始起裂扩展，断裂判据为：

$$S_{\min} = S(\theta_0) = S_C \tag{3-60}$$

式中：$S_C$ 是材料断裂韧性参数，N/m。

对于 Ⅰ-Ⅲ 复合型裂缝，$K_Ⅱ = 0$。由 $S$ 表达式（3-58）得：

$$\begin{aligned} S &= a_{11}K_Ⅰ^2 + a_{33}K_Ⅲ^2 \\ &= \frac{K_Ⅰ^2}{16\pi G}[(3-4\mu-\cos\theta)(1+\cos\theta)] + \frac{K_Ⅲ^2}{4\pi G} \end{aligned} \tag{3-61}$$

式中：$G$ 是剪切模量，GPa。

由式（3-59）和式（3-61）可得，裂缝的起裂角 $\theta_0 = 0°$，即沿原裂缝线的方向扩展。将 $\theta_0 = 0°$ 代入式（3-61）可得：

$$S_{\min} = \frac{1}{4\pi G}[(1-2\mu)K_Ⅰ^2 + K_Ⅲ^2] \tag{3-62}$$

Ⅰ-Ⅲ 复合型裂缝稳定的最小应变能密度因子判别条件为：当最小应变能密度因子 $S_{\min} = S_C$ 时，裂缝达到临界状态；$S_{\min} > S_C$，裂缝失稳扩展；$S_{\min} < S_C$，裂缝处于稳定状态。

纯 Ⅰ 型裂纹时，临界状态 $S_C$ 为：

$$S_C = \frac{K_{ⅠC}^2}{4\pi G}(1-2\mu) \tag{3-63}$$

式中：$K_{ⅠC}$ 是岩石的断裂韧度，$N \cdot m^{-3/2}$。

由式（3-62）和式（3-63）可得，Ⅰ-Ⅲ 复合型裂缝的断裂判据为：

$$K_Ⅰ^2 + \frac{K_Ⅲ^2}{1-2\mu} = K_{ⅠC}^2 \tag{3-64}$$

平面应力情况下，Ⅰ-Ⅲ复合型裂缝的断裂判据为：

$$K_{\mathrm{I}}^2 + \frac{K_{\mathrm{Ⅲ}}^2(1+\mu)}{1-\mu} = K_{\mathrm{Ic}}^2 \qquad (3-65)$$

Ⅰ-Ⅲ复合型裂缝稳定的应力强度因子判别条件为：当应力强度因子叠加值 $K' = K_{\mathrm{Ic}}$ 时，裂缝处于临界状态；$K' > K_{\mathrm{Ic}}$，裂缝失稳扩展；$K' < K_{\mathrm{Ic}}$，裂缝处于稳定状态。

将式(3-53)和式(3-55)代入式(3-65)可得Ⅰ-Ⅲ复合型非贯通裂缝起裂扩展的力学判据为：

$$\pi a_1 \sigma_1^2 F_5^2 + \frac{2b_1(1+\mu)\left[(q''_1 + G')l_3 - q_2 l_5\right]^2 F_6^2}{1-\mu} = K_{\mathrm{Ic}}^2$$

$$(3-66)$$

根据式(3-66)可计算巷道轴向Ⅰ-Ⅲ复合型裂缝失稳扩展的临界载荷。

### 3.3.1.2　非贯通裂缝轴向扩展关键参数分析

Ⅰ-Ⅲ复合型裂缝沿巷道轴向扩展临界状态可通过最小应变能密度因子 $S_{\min}$ 和应力强度因子叠加值 $K'$ 判断。$S_{\min}$ 和 $K'$ 的影响因素主要有巷道轴向裂缝长度、巷道轴向非贯通岩体长度、裂缝距实体煤帮距离、上覆岩层对基本顶载荷等。采用单因素控制变量法分析关键参数对 $S_{\min}$ 和 $K'$ 的影响规律，研究巷道轴向Ⅰ-Ⅲ复合型非贯通裂缝的扩展规律。

巷道轴向裂缝长和非贯通岩体长对非贯通裂缝稳定的影响规律如图 3-12 和图 3-13 所示。由图可知：

(1)随着巷道轴向裂缝长和非贯通岩体长比值的增加，Ⅰ-Ⅲ复合型裂缝最小应变能密度因子和应力强度因子叠加值增大。巷道轴向裂缝长和非贯通岩体长比值相同时，随着轴向非贯通岩体长的增大，相应的最小应变能密度因子和应力强度因子叠加值增加。

(2)随着巷道轴向裂缝长增加，Ⅰ-Ⅲ复合型裂缝最小应变能

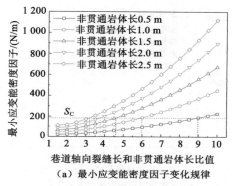

（a）最小应变能密度因子变化规律

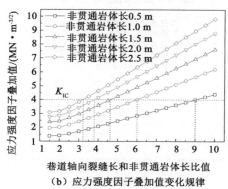

（b）应力强度因子叠加值变化规律

图 3-12　巷道轴向裂缝长和非贯通岩体长
比值对非贯通裂缝稳定的影响

密度因子和应力强度因子叠加值增大，巷道轴向裂缝长度越长，裂缝越易发生失稳扩展。巷道轴向裂缝长相同时，随着轴向非贯通岩体长的增大，相应的最小应变能密度因子和应力强度因子叠加值减小。当轴向非贯通岩体长增加到一定值后，最小应变能密度因子和应力强度因子叠加值小于临界值，裂缝趋于稳定状态。

（3）基本顶细砂岩 $S_c = 185$ N/m、$K_{IC} = 4$ MN·m$^{-3/2}$，当

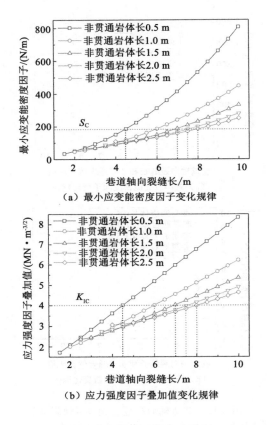

（a）最小应变能密度因子变化规律

（b）应力强度因子叠加值变化规律

图 3-13　巷道轴向裂缝长对非贯通裂缝稳定的影响

Ⅰ-Ⅲ复合型裂缝最小应变能密度因子和应力强度因子叠加值达到基本顶断裂韧性参数时，裂缝处于临界状态。巷道轴向非贯通岩体长分别为 0.5 m、1.0 m、1.5 m、2.0 m 和 2.5 m，裂缝处于临界状态时相应的比值分别为 9.0、6.0、4.6、3.8 和 3.1，裂缝长分别为 4.5 m、6.0 m、7.0 m、7.5 m 和 8.0 m。随着非贯通岩体长的增加，裂缝处于临界状态时相应的比值减小，裂缝长度增大。

（4）合理的巷道轴向裂缝长和非贯通岩体长使超前工作面非贯通裂缝处于稳定状态，维护预裂巷道和工作面端头区域稳定。工作面回采后，上覆岩层施加载荷增大，基本顶非贯通岩体部分在自重和上覆岩层施加载荷的作用下相互贯通，基本顶及时垮落，减少了侧向悬顶的长度，从而降低了作用在相邻面小煤柱巷道的载荷。

（5）巷道轴向非贯通岩体长为 1 m 时，非贯通裂缝处于临界状态时裂缝长与非贯通岩体长的比值为 6.0。因此，为使超前非贯通裂缝处于稳定状态，确定轴向裂缝长与非贯通岩体长比值为5.0，裂缝长为 5 m。

裂缝距实体帮距离对非贯通裂缝稳定的影响规律如图 3-14所示。由图可知，随着裂缝距实体帮距离的增加，I-Ⅲ复合型裂缝最小应变能密度因子和应力强度因子叠加值呈现非线性增加规律，且增加速率增大。裂缝距实体煤帮距离相同时，巷道轴向裂缝长越长，最小应变能密度因子和应力强度因子叠加值越大。由于裂缝距实体帮距离增加，基本顶自重增大，裂缝更易趋向失稳状态。因此，为使非贯通裂缝在工作面回采后及时贯通，应增大裂缝距实体煤帮距离，使裂缝靠近小煤柱帮，从而增大非贯通裂缝所承受载荷。然而由于工程现场条件的限制，裂缝距实体帮距离应结合钻机体积、施工条件等因素确定。

上覆岩层施加载荷对非贯通裂缝稳定的影响规律如图 3-15所示。由图可知，随着上覆岩层对基本顶施加载荷增加，最小应变能密度因子和应力强度因子叠加值增大。上覆岩层对基本顶施加载荷相同时，当巷道轴向裂缝长从 3 m 增加到 7 m，其相应的最小应变能密度因子和应力强度因子叠加值增大。工作面回采时，在超前支承压力影响范围外，基本顶所受载荷不变，巷道轴向非贯通裂缝最小应变能密度因子和应力强度因子叠加值小于基本顶细砂岩断裂韧性参数，裂缝处于稳定状态。超前工作面 20 m

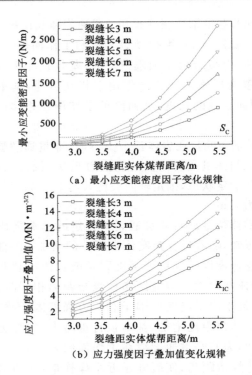

（a）最小应变能密度因子变化规律

（b）应力强度因子叠加值变化规律

图 3-14　裂缝距实体帮距离对非贯通裂缝稳定的影响

范围，由于超前支承压力的影响，基本顶载荷增大，巷道轴向非贯通裂缝最小应变能密度因子和应力强度因子叠加值增大，但是仍小于断裂韧性参数，巷道轴向非贯通裂缝仍处于稳定状态。工作面回采后，上覆岩层施加载荷增大，巷道轴向非贯通裂缝最小应变能密度因子和应力强度因子叠加值大于断裂韧性参数，裂缝失稳扩展，非贯通岩体相互贯通，基本顶垮落。

综合以上分析可知，巷道轴向基本顶非贯通裂缝类型为Ⅰ-Ⅲ复合型裂缝，裂缝沿原裂缝线的方向扩展，即扩展角度为 0°。巷

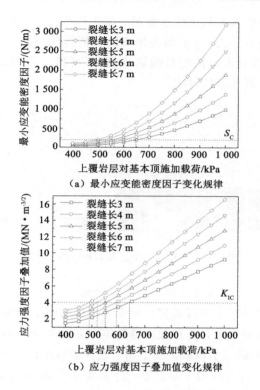

（a）最小应变能密度因子变化规律

（b）应力强度因子叠加值变化规律

图 3-15　上覆岩层施加载荷对非贯通裂缝稳定性的影响

道轴向非贯通岩体长度较大时，工作面回采后非贯通裂缝贯通难度大。因此，综合考虑巷道轴向非贯通岩体长为 1 m，巷道轴向裂缝长根据基本顶岩石断裂韧性参数确定。根据现场试验工程概况，确定轴向裂缝长和非贯通岩体长比值为 5，裂缝长为 5 m。

## 3.3.2　非贯通裂缝竖向扩展规律研究

在厚煤层条件下，工作面回采后垮落直接顶不能充满采空区，基本顶岩层形成含非贯通裂缝的悬臂梁结构，图 3-16 所示为工作面回采后基本顶结构示意图。随工作面回采,基本顶岩层中预制裂缝在水平力、弯矩和剪切力的共同作用下发生失稳扩展。因此,研究裂缝竖向扩展时的临界载荷,可揭示预制裂缝关键参数对临界扩展载荷的影响。

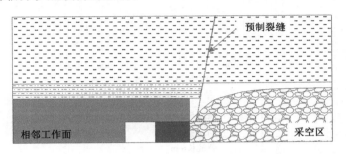

图 3-16　工作面回采后基本顶结构示意图

### 3.3.2.1　非贯通裂缝竖向扩展力学模型

基本顶岩层中非贯通裂缝是受多种载荷的压-剪复合型裂缝。根据工作面回采后含非贯通裂缝基本顶悬臂梁受力特征,建立如图 3-17 所示的力学模型。图中,$q'_1$ 是基本顶断裂时的临界载荷,$q_2$ 是小煤柱对顶板的支承载荷,$T_b$ 是断裂岩块对岩梁的水平挤压力,$G$ 是悬臂梁的重力,$l_1$、$l_2$、$l_4$ 分别是小煤柱宽度、裂缝与小煤柱的水平距离、切缝后基本顶未断裂侧向悬臂长度,$b$ 是基本顶

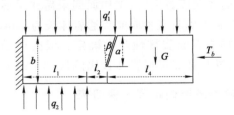

图 3-17　工作面回采后非贯通裂缝竖向扩展力学模型

厚度,$a$ 是预制裂缝竖向长度,$\beta$ 是裂缝与竖直方向的夹角。

由力学模型中裂缝受力可知,裂缝类型为 I-II 复合型裂缝。图 3-17 所示的力学模型可看作是多种载荷作用下含单边斜裂缝的有限板模型,采用叠加原理求解裂缝尖端的应力强度因子。如图 3-18 所示,将模型载荷分解为拉应力、剪应力和弯矩三种简单载荷,分别求解在三种简单载荷作用下的应力强度因子。

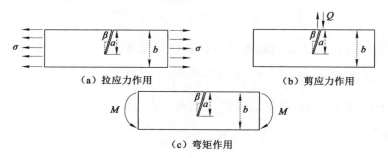

（a）拉应力作用  （b）剪应力作用

（c）弯矩作用

图 3-18 含单边斜裂缝基本顶受力等效简图

根据含单边斜裂缝有限板应力强度因子计算公式[209],计算三种简单载荷作用下的裂缝应力强度因子。

（1）水平力作用下单边斜裂缝应力强度因子计算

将水平作用力转化成斜裂缝面上的作用力,图 3-19 所示为斜裂缝面上应力计算简图。

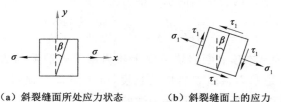

（a）斜裂缝面所处应力状态  （b）斜裂缝面上的应力

图 3-19 水平力作用下斜裂缝面上应力计算简图

斜裂缝面上的正应力 $\sigma_1$ 和剪应力 $\tau_1$ 分别为：

$$\sigma_1 = \sigma\cos^2\beta, \tau_1 = \sigma\sin\beta\cos\beta$$

根据单边裂缝受单向均匀拉伸作用和均匀分布剪应力作用应力强度因子计算公式，可得：

$$K_{I\sigma} = \sigma\sqrt{\pi a}\cos^2\beta F_1\left(\frac{a\cos\beta}{b}\right) \tag{3-67}$$

$$K_{II\sigma} = \sigma\sqrt{\pi a}\sin\beta\cos\beta F_2\left(\frac{a\cos\beta}{b}\right) \tag{3-68}$$

式中：$K_{I\sigma}$、$K_{II\sigma}$ 分别是水平力分解到斜裂缝面上的 I 型、II 型应力强度因子，$N \cdot m^{-3/2}$；$F_1\left(\dfrac{a\cos\beta}{b}\right)$、$F_2\left(\dfrac{a\cos\beta}{b}\right)$ 是边界修正因子，无量纲参数，简化记为 $F_1$、$F_2$，表达式为：

$$F_1 = 1.12 - 0.231\frac{a\cos\beta}{b} + 10.55\left(\frac{a\cos\beta}{b}\right)^2 - 21.72\left(\frac{a\cos\beta}{b}\right)^3 +$$

$$30.39\left(\frac{a\cos\beta}{b}\right)^4 \tag{3-69}$$

$$F_2 = \frac{1.122 - 0.561\frac{a\cos\beta}{b} + 0.085\left(\frac{a\cos\beta}{b}\right)^2 + 0.18\left(\frac{a\cos\beta}{b}\right)^3}{\sqrt{1 - \frac{a\cos\beta}{b}}}$$

$$\tag{3-70}$$

砌体梁结构岩块间的水平推力为[9]：

$$T_b = \frac{qL}{2(b - \Delta S_C)} = \frac{(q_1 + \rho gb)L}{2(b - \Delta S_C)} \tag{3-71}$$

式中：$q$ 为基本顶破断岩块所受上覆岩层等效载荷与岩块自重之和，$N$；$L$ 是基本顶断裂岩块的长度，$m$；$b$ 是基本顶岩层厚度，$m$；$\Delta S_C$ 为基本顶破断岩块远端一侧的下沉量，$m$。

水平挤压力 $T_b$ 可简化为作用在两端的均布压应力，则 $\sigma = -T_b/b$，将其代入式(3-67)和式(3-68)可得：

$$K_{\mathrm{I}\sigma} = -\frac{T_b}{b}\sqrt{\pi a}\,\cos^2\beta F_1 \qquad (3\text{-}72)$$

$$K_{\mathrm{II}\sigma} = -\frac{T_b}{b}\sqrt{\pi a}\,\sin\beta\cos\beta F_2 \qquad (3\text{-}73)$$

（2）集中载荷作用下单边斜裂缝应力强度因子计算

斜裂缝所受集中切向力的合力 $Q$ 为：

$$Q = q'_1 l_4 + G - q_2 l_1 \qquad (3\text{-}74)$$

将集中切向力转化成斜裂缝方向上的力，则作用在斜裂缝方向的集中切向力 $Q'$ 为：

$$Q' = (q'_1 l_4 + G - q_2 l_1)\cos^2\beta \qquad (3\text{-}75)$$

单边斜裂缝受集中切向力 $Q'$ 的作用，其应力强度因子为：

$$K_{\mathrm{II}P} = \frac{2(q'_1 l_4 + G - q_2 l_1)\cos^2\beta F_3\left(\dfrac{a\cos\beta}{b}\right)}{\sqrt{\pi a}} \qquad (3\text{-}76)$$

式中：$K_{\mathrm{II}P}$ 是集中切应力作用下 II 型应力强度因子，$\mathrm{N} \cdot \mathrm{m}^{-3/2}$；$F_3\left(\dfrac{a\cos\beta}{b}\right)$ 是边界修正因子，简化记为 $F_3$，其表达式为：

$$F_3 = \frac{1.30 - 0.65\dfrac{a\cos\beta}{b} + 0.37\left(\dfrac{a\cos\beta}{b}\right)^2 + 0.28\left(\dfrac{a\cos\beta}{b}\right)^3}{\sqrt{1 - \dfrac{a\cos\beta}{b}}}$$

$$(3\text{-}77)$$

（3）弯矩作用下单边斜裂缝应力强度因子计算

岩梁受到的弯矩 $M$ 为：

$$M = \frac{1}{2}(q'_1 l_4 + G)l_4 \qquad (3\text{-}78)$$

单边斜裂缝受到弯矩作用，其应力强度因子为：

$$K_{\mathrm{I}M} = \frac{3(q'_1 l_4 + G)l_4\sqrt{\pi a}\,\cos^2\beta F_4\left(\dfrac{a\cos\beta}{b}\right)}{b^2} \qquad (3\text{-}79)$$

式中：$K_{IM}$ 是弯矩作用下 I 型应力强度因子，$N \cdot m^{-3/2}$；

$F_4\left(\dfrac{a\cos\beta}{b}\right)$ 是边界修正因子，简化记为 $F_4$，其表达式为：

$$F_4 = \frac{0.923 + 0.199\left(1 - \sin\dfrac{\pi a\cos\beta}{2b}\right)^4}{\cos\dfrac{\pi a\cos\beta}{2b}}\sqrt{\frac{2b}{\pi a\cos\beta}\tan\frac{\pi a\cos\beta}{2b}}$$

(3-80)

由以上分析可知，将模型挤压应力、剪应力和弯矩三种简单载荷作用下的 I 型和 II 型裂缝应力强度因子分别叠加，可得岩梁斜裂缝尖端的应力强度因子：

$$K_I = \frac{3(q'_1 l_4 + G)l_4\sqrt{\pi a}\cos^2\beta F_4}{b^2} - \frac{T_b}{b}\sqrt{\pi a}\cos^2\beta F_1$$

(3-81)

$$K_{II} = \frac{2(q'_1 l_4 + G - q_2 l_1)\cos^2\beta F_3}{\sqrt{\pi a}} - \frac{T_b}{b}\sqrt{\pi a}\sin\beta\cos\beta F_2$$

(3-82)

式中：$K_I$、$K_{II}$ 分别是 I 型、II 型裂缝应力强度因子，$N \cdot m^{-3/2}$。

岩石材料压剪断裂判据[210-211]为：

$$\lambda_{12}\sum K_I + \left|\sum K_{II}\right| = K_{IIC}$$

(3-83)

式中：$\lambda_{12}$ 是压剪比系数；$K_{IIC}$ 是岩石的 II 型断裂韧性，$N \cdot m^{-3/2}$。

岩石的 II 型断裂韧性可表示为：

$$K_{IIC} = \sqrt{\frac{3(1-2\mu)}{2(1-\mu)-\mu^2}}K_{IC}$$

(3-84)

式中：$\mu$ 是泊松比；$K_{IC}$ 是岩石的断裂韧度，$N \cdot m^{-3/2}$。

则材料压剪断裂判据式(3-83)可表示为：

$$\frac{\lambda_{12}\sum K_I + \left|\sum K_{II}\right|}{\sqrt{\dfrac{3(1-2\mu)}{2(1-\mu)-\mu^2}}} = K_{IC}$$

(3-85)

裂缝稳定性的判别条件为：当 Ⅰ-Ⅱ 复合型裂缝应力强度因子叠加值 $K = K_{IC}$ 时，裂缝处于临界状态；$K > K_{IC}$，裂缝扩展；$K < K_{IC}$，裂缝处于稳定状态。将式(3-81)和式(3-82)代入式(3-85)可得裂缝起裂扩展的力学判据为：

$$\lambda_{12}\left[\frac{3(q'_1 l_4 + G)l_4\sqrt{\pi a}\,\cos^2\beta F_4}{b^2} - \frac{T_b}{b}\sqrt{\pi a}\,\cos^2\beta F_1\right] +$$

$$\left|\frac{2[q'_1 l_4 + G - q_2 l_1]\cos^2\beta F_3}{\sqrt{\pi a}} - \frac{T_b}{b}\sqrt{\pi a}\,\sin\beta\cos\beta F_2\right|$$

$$= \sqrt{\frac{3(1-2\mu)}{2(1-\mu)-\mu^2}}\,K_{IC} \tag{3-86}$$

由式(3-86)，可得基本顶非贯通裂缝发生扩展的临界载荷为：

$$q'_1 = \left[\pi\lambda_{12}abT_b F_1 + \pi ab T_b\tan\beta F_2 - 2b^2(G - q_2 l_1)F_3 -\right.$$

$$\left. 3\lambda_{12}\pi aGl_4 F_4 + \sqrt{3\pi a b^2}K_{IC}\sqrt{\frac{2\mu-1}{\mu(\mu+2)-2}\sec^2\beta}\right]/$$

$$\left[l_4(2b^2 F_3 + 3\lambda_{12}\pi a l_4 F_4)\right] \tag{3-87}$$

裂缝扩展的起始角度 $\theta^{[136,146]}$ 为：

$$\theta = \arccos\left(\frac{3K_{II}^2 + \sqrt{K_I^4 + 8K_I^2 K_{II}^2}}{K_I^2 + 9K_{II}^2}\right) \tag{3-88}$$

裂缝扩展的起始角度是相对于裂缝面，当 $K_{II} > 0$ 时，$\theta < 0°$；当 $K_{II} < 0$ 时，$\theta > 0°$。

### 3.3.2.2 非贯通裂缝竖向扩展关键参数分析

Ⅰ-Ⅱ 复合型裂缝应力强度因子叠加值 $K$、裂缝发生扩展的临界载荷 $q'_1$、裂缝扩展的起始角度 $\theta$ 主要受工程地质条件、裂缝垂高与基本顶厚度的比值 $\dfrac{a\cos\beta}{b}$、裂缝与竖直方向的夹角 $\beta$ 等参数的影响。为分析各参数对基本顶非贯通裂缝竖向断裂失稳的影响，在限制其他条件不变的情况下，对裂缝与竖直方向的夹角 $\beta$、裂缝垂高与基本顶厚度的比值$\dfrac{a\cos\beta}{b}$、侧向悬臂长度$l_4$进行单因素分析。

（1）应力强度因子叠加值变化规律

Ⅰ-Ⅱ复合型裂缝应力强度因子叠加值$K$随裂缝垂高与基本顶厚度比值$\dfrac{a\cos\beta}{b}$的变化规律如图 3-20 所示。

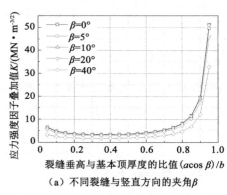

（a）不同裂缝与竖直方向的夹角$\beta$

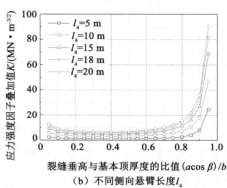

（b）不同侧向悬臂长度$l_4$

图 3-20　裂缝垂高与基本顶厚度的比值对$K$的影响规律

由图 3-20 可知,当裂缝垂高与基本顶厚度比值在 0~0.35 范围时,应力强度因子叠加值随着比值的增加而减小,且减小的速率较小;在 0.35~0.95 范围,应力强度因子叠加值随着比值的增加而增大,且增大的速率逐渐增大,当比值大于 0.8 时,应力强度因子叠加值急剧增大,大于岩石的断裂韧性 4 MN · m$^{-3/2}$,基本顶在自重和上覆岩层载荷的作用下发生断裂失稳。因此,为保证基本顶断裂失稳,裂缝垂高与基本顶厚度比值 $\frac{a\cos\beta}{b}$ 应大于 0.8。

由图 3-20(a)可知,当裂缝与竖直方向的夹角 $\beta$ 从 0°增加至 20°时,基本顶相应位置的应力强度因子叠加值相差不大。在 0°~20°范围,裂缝与竖直方向的夹角变化对基本顶应力强度因子叠加值影响较小,基本顶断裂失稳受裂缝与竖直方向的夹角影响不大。因此,为减小钻孔施工工程量同时考虑现场施工条件,裂缝与竖直方向的夹角 $\beta$ 选为 0°,即裂缝沿竖直方向。

由图 3-20(b)可知,当侧向悬臂长度 $l_4$ 从 5 m 增加至 20 m时,基本顶相应位置的应力强度因子叠加值增大。可见,悬臂长度较长时,有利于基本顶裂缝的断裂失稳。因此,通过在顶板预制裂缝,工作面回采后侧向长悬顶易发生失稳断裂,从而减小了基本顶侧向悬顶载荷。

应力强度因子叠加值 $K$ 随裂缝与竖直方向夹角 $\beta$、侧向悬顶长度 $l_4$ 的变化规律分别如图 3-21 和图 3-22 所示。由图 3-21 可知:应力强度因子叠加值 $K$ 随着裂缝与竖直方向夹角 $\beta$ 的增加而减小,基本顶裂缝失稳扩展的难度增加。$K$ 在 $\beta$ 为 0°~20°的范围减小较慢,而在 $\beta$ 为 20°~60°的范围减小较快。可见,在 0°~20°的范围,裂缝与竖直方向夹角 $\beta$ 的变化对基本顶断裂失稳影响较小。由图 3-22 可以看出,应力强度因子叠加值 $K$ 随着侧向悬臂长度 $l_4$ 的增加而增大,利于基本顶裂缝失稳扩展。这是由于侧向悬臂长度 $l_4$ 增加时,基本顶自重增加,应力强度因子叠加值增大。

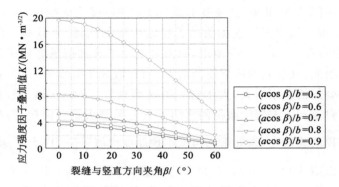

图 3-21　夹角 $\beta$ 对 $K$ 的影响规律

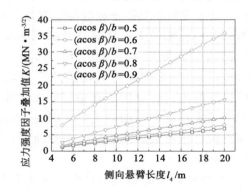

图 3-22　侧向悬臂长度 $l_4$ 对 $K$ 的影响规律

当 $\dfrac{a\cos\beta}{b}$ 从 0.5 增加到 0.9 时,裂缝与竖直方向夹角和侧向悬顶长度相应的应力强度因子叠加值增大。当 $\dfrac{a\cos\beta}{b}$ 的值为 0.5、0.6、0.7 时,相应的应力强度因子叠加值增加量小;当 $\dfrac{a\cos\beta}{b}$ 的值为 0.8、0.9 时,相应的应力强度因子叠加值增加量大。可见,裂缝垂高与基本顶厚度比值 $\dfrac{a\cos\beta}{b}$ 大于 0.8 时，应力强度因子叠加值增加量大，裂缝更易趋于失稳，发生失稳破断。

（2）裂缝发生扩展的临界载荷变化规律

裂缝扩展的临界载荷随裂缝垂高与基本顶厚度比值的变化规律如图 3-23 所示。由图 3-23 可以看出：裂缝扩展临界载荷随着裂缝垂高与基本顶厚度比值的增加呈现先增大后减小的趋势，当比值为 0.7 时，裂缝扩展的临界载荷为最大值。在 0～0.7 范

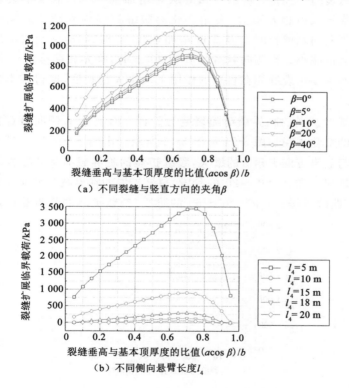

（a）不同裂缝与竖直方向的夹角 $\beta$

（b）不同侧向悬臂长度 $l_4$

图 3-23　裂缝垂高与基本顶厚度的比值对临界载荷的影响规律

围,裂缝扩展临界载荷随着比值的增加而增大;在0.7～0.95范围,裂缝扩展临界载荷随着比值的增加而急剧减小,且减小的速率较大。由此可见,裂缝长度对于基本顶裂缝扩展的临界载荷具有重要的影响。合理的裂缝长度能够保证工作面回采后,基本顶在自重和上覆岩层载荷作用下及时垮落,缩短侧向长悬顶对相邻面小煤柱巷道的作用时间,保护相邻工作面巷道。因此,从裂缝扩展的临界载荷考虑,裂缝垂高与基本顶厚度比值应大于0.8。

当裂缝与竖直方向的夹角 $\beta$ 从 0°增加到 20°时,相应的裂缝扩展临界载荷相差不大,夹角变化对裂缝扩展临界载荷影响较小。当侧向悬臂长度 $l_4$ 从 5 m 增加至 20 m 时,相应的裂缝扩展临界载荷减小。当侧向悬臂长度为 20 m 时,临界载荷接近0,说明基本顶预制裂缝能在自重的作用下发生失稳扩展,使得基本顶断裂。

裂缝扩展的临界载荷随裂缝与竖直方向夹角 $\beta$、侧向悬臂长度 $l_4$ 的变化规律如图 3-24 和图 3-25 所示。由图 3-24 可知,随着裂缝与竖直方向夹角 $\beta$ 的增大,裂缝扩展的临界载荷呈非线性增加的规律。在 $\beta$ 为 0°～20°的阶段,裂缝扩展的临界载荷增加速率较小,曲线平缓;在 $\beta$ 为 20°～60°的阶段,裂缝扩展的临界载荷随

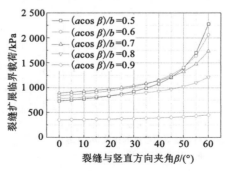

图 3-24 夹角 $\beta$ 对临界载荷的影响规律

着 $\beta$ 的增加而增大的速率较大。因此,从裂缝扩展的临界载荷角度考虑,为使裂缝较易发生失稳扩展,裂缝与竖直方向夹角 $\beta$ 确定为 $0°$。

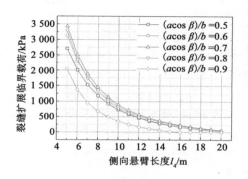

图 3-25  悬臂长度 $l_4$ 对临界载荷的影响规律

由图 3-25 可知,裂缝扩展的临界载荷与侧向悬臂长度之间为反比关系,临界载荷随着侧向悬臂长度 $l_4$ 的增加而减小。这是由于侧向悬臂长度增加时,基本顶自重增加,使得裂缝扩展的临界载荷减小。当 $\dfrac{a\cos\beta}{b}$ 的值为 0.9 时,相应的裂缝扩展临界载荷最小。

(3) 裂缝扩展的起始角度变化规律

Ⅰ-Ⅱ 复合型裂缝扩展的起始角度随裂缝垂高与基本顶厚度比值的变化规律如图 3-26 所示。由图 3-26 可知,裂缝扩展的起始角度随着裂缝垂高与基本顶厚度比值的增加而减小。裂缝垂高越大,裂缝扩展的起始角度越小。当裂缝与竖直方向的夹角 $\beta$ 从 $0°$ 增加到 $40°$ 时,相应的裂缝扩展的起始角度减小。在 $0°\sim20°$ 范围,$\beta$ 增大时裂缝扩展的起始角度变化较小,说明此范围内夹角 $\beta$ 的变化对裂缝扩展的起始角度影响小。侧向悬臂长度从 5 m 增

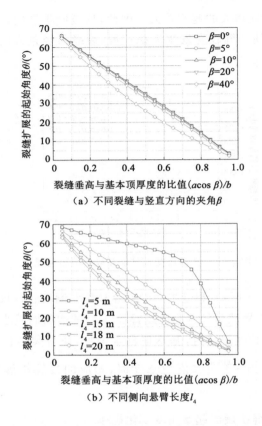

（a）不同裂缝与竖直方向的夹角$\beta$

（b）不同侧向悬臂长度$l_4$

图 3-26　裂缝垂高与基本顶厚度的比值对$\theta$的影响规律

加至 20 m 时,相应的裂缝扩展的起始角度减小。当侧向悬臂长度为 20 m,裂缝垂高与基本顶厚度比值大于 0.8 时,裂缝扩展的起始角度小于$8°$。

　　裂缝扩展的起始角度$\theta$随裂缝与竖直方向夹角$\beta$、侧向悬臂长度$l_4$的变化规律分别如图 3-27 和图 3-28 所示。由两图可知,裂缝扩展的起始角度随夹角$\beta$和侧向悬臂长度$l_4$的增加而减小。

当 $\dfrac{a\cos\beta}{b}$ 从 0.5 增加到 0.9 时，$l_4$ 相应的裂缝扩展起始角度 $\theta$ 逐渐减小。当 $\beta$ 为 $0°$，$\dfrac{a\cos\beta}{b}$ 大于 0.8 时，$\theta$ 小于 $14°$。

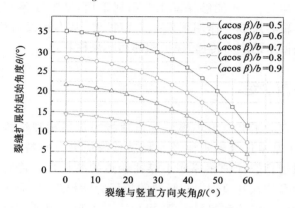

图 3-27　夹角 $\beta$ 对 $\theta$ 的影响规律

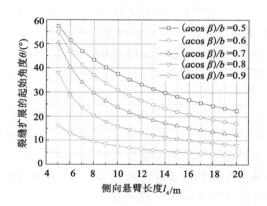

图 3-28　侧向悬臂长度 $l_4$ 对 $\theta$ 的影响规律

综合以上分析可知，裂缝扩展的起始角度随着裂缝垂高与基本顶厚度比值、裂缝与竖直方向夹角和侧向悬臂长度的增加而减小。从Ⅰ-Ⅱ复合型裂缝应力强度因子叠加值 $K$ 和裂缝扩展的临界载荷考虑，裂缝垂高与基本顶厚度比值应大于0.8，裂缝与竖直方向的夹角为0°，才能够保证工作面回采后，基本顶预制裂缝在自重和上覆岩层载荷作用下发生失稳扩展，基本顶及时垮落，阻断工作面回采的应力传递，保护相邻面小煤柱巷道。

## 3.4 本章小结

本章建立了高应力小煤柱巷道顶板非贯通预裂结构力学模型，研究了基本顶变形规律及非贯通预裂应力分布特征，揭示了顶板非贯通预裂保护相邻面小煤柱巷道护巷机理。建立了基本顶非贯通裂缝在巷道轴向和竖向的扩展力学模型，研究了非贯通裂缝应力强度因子和起裂角度，提出了基本顶非贯通裂缝在巷道轴向和竖向的临界扩展准则。主要结论如下：

（1）构建了工作面回采后高应力小煤柱巷道基本顶结构力学模型，得到了小煤柱巷道基本顶变形表达式。相邻面小煤柱巷道基本顶最大变形量随侧向悬顶长度的增加而增大，随小煤柱支承载荷的增加而减小。基于此，提出了基本顶预制裂缝减小悬顶长度，小煤柱注浆加固和对穿锚索提高小煤柱强度。

（2）构建了基本顶非贯通岩体区域和贯通裂缝区域力学模型，得到了基本顶应力分布特征，揭示了非贯通预裂顶板应力分布规律。基本顶超前非贯通裂缝改变了基本顶应力分布形态，在贯通裂缝区域基本顶悬臂梁固定端应力值大，非贯通岩体区域减小了预裂巷道和工作面端头区域应力。

（3）建立了非贯通裂缝沿巷道轴向扩展力学模型，得到了Ⅰ-Ⅲ复合型裂缝沿巷道轴向失稳扩展准则，阐明了巷道轴向裂缝长和非贯通岩体长比值、裂缝距实体煤帮距离、上覆岩层对基本顶载荷等关键参数对最小应变能密度因子的影响,揭示了巷道轴向非贯通裂缝扩展规律。随着巷道轴向裂缝长和非贯通岩体长比值的增加,Ⅰ-Ⅲ复合型裂缝最小应变能密度因子增大。巷道轴向非贯通岩体长为 1 m,巷道轴向裂缝长根据基本顶岩石断裂韧性参数确定。根据现场试验工程概况,确定了轴向裂缝长和非贯通岩体长比值为 5,裂缝长为 5 m。

(4) 构建了工作面回采后非贯通裂缝竖向扩展力学模型,得到了裂缝垂高与基本顶厚度比值、裂缝与竖直方向夹角、侧向悬臂长度等对Ⅰ-Ⅱ复合型裂缝应力强度因子叠加值、临界扩展载荷、扩展起始角度的影响规律。裂缝垂高与基本顶厚度比值在 0.35~0.95 范围时,应力强度因子叠加值随着比值的增加而增大,临界扩展载荷随着比值的增加呈现先增大后减小的趋势。从应力强度因子叠加值和临界扩展载荷考虑,确定了裂缝垂高与基本顶厚度比值大于 0.8,裂缝与竖直方向的夹角为 0°。

# 4　顶板非贯通预裂围岩卸压机理

上一章采用理论推导的方法,研究了非贯通预裂基本顶位移和应力分布规律,得到了基本顶复合型裂缝临界扩展准则。顶板非贯通预裂卸压效应影响小煤柱巷道稳定性,数值计算由于变量可控性好,在围岩稳定性研究中广泛应用。本章结合典型工程地质条件,采用数值计算的方法,研究小煤柱巷道围岩应力叠加效应,分析非贯通裂缝长度、裂缝垂直高度、裂缝偏转角度、裂缝与小煤柱垂直距离等非贯通裂缝参数对小煤柱巷道围岩稳定性的影响,揭示小煤柱巷道顶板非贯通预裂围岩卸压机理。在此基础上,优化小煤柱巷道非贯通裂缝相关参数。

## 4.1　数值计算模型建立与方案设计

### 4.1.1　数值计算模型的建立

依据典型地质条件,建立小煤柱巷道顶板非贯通预裂卸压FLAC3D 数值计算模型,如图 4-1 所示。数值模型长×宽×高为233 m×80 m×100 m,在坐标布置上,$x \in (0,109.5)$ 区间为相邻工作面,$x \in (109.5,114)$ 区间为相邻面顺槽,$x \in (114,119)$ 区间为小煤柱,$x \in (119,123.5)$ 区间为回采面顺槽,$x \in (123.5,233)$ 区间为回采工作面。模型有 396 000 个单元,413 457 个节点。数值计算模型的边界条件如图 4-2 所示,模型四周为滑移边界,底部

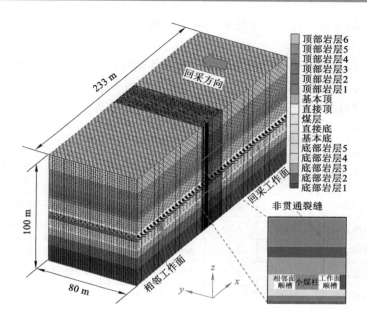

图 4-1 数值计算模型

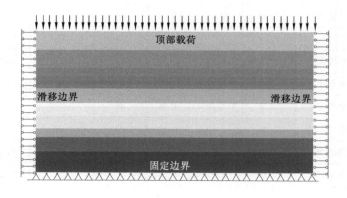

图 4-2 数值计算模型边界条件

为固定边界。模型顶部施加上覆岩层的等效载荷,等效载荷大小为 8.0 MPa。

模型将煤岩体近似为均匀、连续、各向同性的介质,只考虑自重应力,忽略构造应力的影响。该模型采用莫尔-库仑屈服准则,数值模拟计算中采用的煤岩体物理力学参数见表 4-1。

表 4-1　数值计算中煤岩体物理力学参数

| 岩层 | 体积模量 /GPa | 剪切模量 /GPa | 内聚力 /MPa | 内摩擦角 /(°) | 密度 /(kg/m³) | 抗拉强度 /MPa |
|---|---|---|---|---|---|---|
| 顶部岩层 6 | 2.36 | 1.53 | 1.89 | 33 | 2 420 | 0.89 |
| 顶部岩层 5 | 2.78 | 1.28 | 1.56 | 33 | 2 250 | 0.59 |
| 顶部岩层 4 | 2.36 | 1.53 | 1.89 | 33 | 2 420 | 0.89 |
| 顶部岩层 3 | 2.78 | 1.28 | 1.56 | 33 | 2 250 | 0.59 |
| 顶部岩层 2 | 8.62 | 1.66 | 4.64 | 35 | 2 595 | 1.43 |
| 顶部岩层 1 | 2.08 | 1.25 | 1.50 | 32 | 2 360 | 0.53 |
| 基本顶 | 8.62 | 1.66 | 18.20 | 46 | 2 595 | 9.48 |
| 直接顶 | 2.36 | 1.53 | 12.57 | 24 | 2 420 | 2.90 |
| 煤层 | 2.37 | 1.18 | 4.82 | 19 | 1 400 | 0.41 |
| 直接底 | 2.78 | 1.28 | 1.56 | 33 | 2 250 | 0.59 |
| 基本底 | 7.62 | 1.51 | 3.45 | 36 | 2 695 | 1.16 |
| 底部岩层 5 | 2.78 | 1.28 | 1.56 | 33 | 2 250 | 0.59 |
| 底部岩层 4 | 2.36 | 1.53 | 1.89 | 33 | 2 420 | 0.89 |
| 底部岩层 3 | 7.62 | 1.51 | 3.45 | 36 | 2 695 | 1.16 |
| 底部岩层 2 | 2.78 | 1.28 | 1.56 | 33 | 2 250 | 0.59 |
| 底部岩层 1 | 2.36 | 1.53 | 1.89 | 33 | 2 420 | 0.89 |

## 4.1.2 数值计算方案设计

模型初始平衡后,依次开挖回采面顺槽、相邻面顺槽,在回采面顺槽顶板形成非贯通裂缝,然后依次模拟两侧工作面回采,研究工作面回采过程中非贯通裂缝参数对巷道围岩稳定性的影响规律。在顺槽掘进和工作面回采数值模型计算时,主要研究以下内容:

(1)回采面顺槽顶板不切顶时,小煤柱巷道围岩应力叠加、能量积聚以及变形;

(2)顶板形成非贯通裂缝时,小煤柱巷道围岩卸压效应以及工作面回采端头区域应力演化规律;

(3)非贯通裂缝对小煤柱弹性应变能、形状改变能和体积改变能分布的影响;

(4)非贯通裂缝对小煤柱巷道围岩变形规律的影响,优化顶板非贯通裂缝参数。

图 4-3 所示为小煤柱巷道顶板非贯通裂缝示意图,数值模拟主要分析非贯通裂缝长度 $L$、裂缝垂直高度 $H$、裂缝偏转角度 $\beta$、裂缝与小煤柱垂直距离 $B$ 等非贯通裂缝参数。

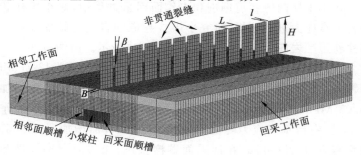

图 4-3 小煤柱巷道顶板非贯通裂缝示意图

以非贯通裂缝长度 $L$ 为 5 m、裂缝间距 $l$ 为 1 m、裂缝垂直高度 $H$ 为 17 m、裂缝偏转角度 $\beta$ 为 0°、裂缝与小煤柱垂直距离 $B$ 为 1 m 作为基本方案。采用控制变量法设计数值模拟方案:非贯通裂缝长度设计 2 m、5 m、8 m、11 m、14 m 和贯通裂缝共 6 种方案;非贯通裂缝垂直高度 $H$ 设计 6 m(直接顶)、11 m(基本顶 1/2)、17 m(基本顶)、19 m(基本顶上一层)和 22 m(基本顶上二层)共 5 种方案;裂缝偏转角度 $\beta$ 设计 0°、5°、10°、15° 和 20° 共 5 种方案;裂缝与小煤柱垂直距离 $B$ 设计 0 m、1 m、2 m、3 m 和 4 m 共 5 种方案。裂缝宽度均为 0.03 m。

## 4.2 应力叠加小煤柱巷道围岩稳定性分析

采用小煤柱护巷时,小煤柱两侧巷道的稳定性对于两个工作面回采具有重要的意义。因此,在小煤柱两侧巷道掘进和工作面回采过程中,对巷道围岩应力叠加、能量积聚以及变形规律进行分析,揭示应力叠加对小煤柱巷道围岩稳定性的影响规律。

### 4.2.1 小煤柱巷道围岩应力叠加效应

在小煤柱两侧巷道掘进和工作面回采过程中,对小煤柱巷道围岩垂直应力进行分析,研究小煤柱巷道围岩应力叠加效应。小煤柱巷道围岩应力叠加演化过程如图 4-4 所示。由图可知:

(1)回采面顺槽掘进后,巷道右帮垂直应力峰值为12.77 MPa。相邻面顺槽掘进后,由于掘进动压的影响,右帮垂直应力峰值增加到 16.05 MPa,增加了 25.69%。工作面回采时,超前回采工作面 10 m 处,右帮垂直应力峰值增加到 18.05 MPa,增加了 41.35%。由垂直应力云图可知,在回采面顺槽掘进、相邻面顺槽掘进和工作面回采三个不同阶段,回采面顺槽右帮区域垂直应力增加。可见,在相邻面顺槽掘进阶段和工作面回采阶段,由于掘进和回采动压的影响,回采面顺槽实体帮垂直应力叠加增大。

（2）回采面顺槽掘进后,小煤柱所在区域垂直应力峰值为 12.96 MPa。相邻面顺槽掘进后,小煤柱中心垂直应力峰值为 14.30 MPa。工作面回采时,超前工作面 10 m 处,小煤柱中心垂直应力峰值为 14.94 MPa;滞后回采工作面 10 m 和 20 m 处,小煤柱中心垂直应力峰值分别为 20.47 MPa 和 22.11 MPa,小煤柱垂直应力峰值增加,且应力峰值向回采工作面采空区侧偏移。相邻工作面回采时,超前相邻工作面 10 m 处,小煤柱垂直应力峰值为 24.49 MPa,为原岩应力的 3.06 倍。由实验室测得煤的单轴抗压强度为 9.18 MPa,围压为 4 MPa 时三轴抗压强度为 22.43 MPa。可见,工作面回采后,小煤柱煤体发生破坏,稳定性难以维护。因此,需要降低小煤柱承受载荷和提高小煤柱强度,维护小煤柱的稳定性。

（3）在回采面顺槽掘进、相邻面顺槽掘进、工作面回采和相邻面回采四个阶段,小煤柱中心垂直应力云图分布范围由绿色 12～14 MPa 变为蓝色 24～26 MPa,小煤柱中心垂直应力叠加增大。可见,相邻两工作面采用小煤柱护巷时,小煤柱受两侧巷道掘进和工作面回采四次动压的叠加影响,尤其当工作面回采后,小煤柱上压力急剧增大,压力的叠加使得小煤柱煤体破碎,承载能力降低。

（4）相邻面顺槽掘进后,相邻面顺槽左帮垂直应力峰值为 15.48 MPa。工作面回采时,超前工作面 10 m 处,相邻面顺槽左帮垂直应力峰值为 16.97 MPa;滞后工作面 10 m 和 20 m 处,相邻面顺槽左帮垂直应力峰值分别为 19.65 MPa 和 20.84 MPa,垂直应力峰值急剧增加,滞后工作面 20 m 处较掘进后增加了 34.63％。相邻工作面回采时,超前工作面 10 m 处,相邻面顺槽左帮垂直应力峰值增加到 24.68 MPa,较掘进后增加了 59.43％。

（5）在相邻面顺槽掘进、工作面回采和相邻面回采三个阶段,相邻面顺槽左帮垂直应力云图由绿色 14～16 MPa 变为蓝色24～26 MPa，垂直应力逐渐增大。相邻面回采阶段超前支承压力对左帮垂直应力影响大，垂直应力分布范围由 16～18 MPa 增大到 24～26 MPa。

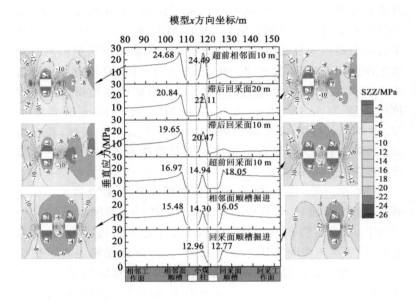

图 4-4　小煤柱巷道围岩应力叠加演化过程

综上，在两侧巷道掘进和两个工作面回采过程中，小煤柱巷道围岩受多次动压的影响，动压的叠加使得巷道围岩应力增大，当其中一个工作面回采时，相邻面巷道受采动影响剧烈，使得相邻巷道压力急剧增大。因此，为减小巷道围岩应力的叠加，工作面回采时在巷道顶板预制非贯通裂缝，阻断应力传递，使得顶板能够及时垮落，减小工作面回采对相邻面巷道压力的影响，从而降低小煤柱巷道围岩在不同阶段应力的叠加效应。

## 4.2.2 小煤柱巷道围岩能量积聚效应

煤岩体发生屈服与破坏时伴随着弹性能的积聚、转移和释放等过程。当弹性能储存到一定程度时,能量沿某一方向释放,能量释放量大于破坏所需能量临界值时,煤岩体产生变形。采用小煤柱护巷时,在巷道掘进和工作面回采过程中,小煤柱上发生多次能量的积聚和转化。因此,研究小煤柱上弹性能的积聚效应,需从能量的角度分析小煤柱破坏。

煤岩体内弹性应变能 $U_e$ 计算公式为:

$$U_e = \frac{1}{2E}[\sigma_1^2 + \sigma_2^2 + \sigma_3^2 - 2\mu(\sigma_1\sigma_2 + \sigma_2\sigma_3 + \sigma_1\sigma_3)] \quad (4\text{-}1)$$

式中:$U_e$ 是弹性应变能,kJ/m³;$E$ 是岩体的初始弹性模量,GPa;$\mu$ 是岩体的泊松比;$\sigma_1$、$\sigma_2$、$\sigma_3$ 是三向主应力,MPa。

煤岩体内形状改变能 $U_f$ 和体积改变能 $U_v$ 的计算公式为:

$$\begin{cases} U_f = \dfrac{1+\mu}{6E}[(\sigma_1 - \sigma_2)^2 + (\sigma_2 - \sigma_3)^2 + (\sigma_3 - \sigma_1)^2] \\ U_v = \dfrac{1-2\mu}{6E}(\sigma_1 + \sigma_2 + \sigma_3)^2 \end{cases} \quad (4\text{-}2)$$

式中:$U_f$ 是形状改变能,kJ/m³;$U_v$ 是体积改变能,kJ/m³。

煤岩体的弹性应变能可用形状改变能和体积改变能表示,式(4-1)可进一步表示为:

$$U_e = \frac{1-2\mu}{6E}(\sigma_1 + \sigma_2 + \sigma_3)^2 + \frac{1+\mu}{6E} \cdot$$
$$[(\sigma_1 - \sigma_2)^2 + (\sigma_2 - \sigma_3)^2 + (\sigma_3 - \sigma_1)^2] \quad (4\text{-}3)$$

在数值计算中,煤岩体内各点的 $\sigma_1$、$\sigma_2$、$\sigma_3$ 可通过数值计算导出,应用公式可进一步计算出煤岩体内各点的弹性应变能密度、形状改变能密度和体积改变能密度。通过对比煤岩体达强度极限所需的形状改变能和动力冲击所需的体积改变能,来判断小煤柱的变形破坏。

对小煤柱中心点的能量进行分析,在回采面顺槽掘进、相邻面顺槽掘进、工作面回采和相邻面回采过程中,小煤柱上能量积聚过程如图4-5所示。由图可知:

(1)回采面顺槽掘进后,小煤柱中心点弹性应变能密度为48.16 kJ/m³,形状改变能密度为22.64 kJ/m³,体积改变能密度为25.52 kJ/m³。当相邻面顺槽掘进后,小煤柱中心点弹性应变能密度增加到59.93 kJ/m³,增加了24.44%;形状改变能密度增加到27.23 kJ/m³,增加了20.27%;体积改变能密度增加到32.70 kJ/m³,增加了28.13%。可见,随着小煤柱两侧巷道的掘进,在掘进动压的影响下小煤柱上能量增加。单轴压缩时,煤样达到强度极限的能量密度为45.90 kJ/m³,小煤柱中心形状改变能密度小于煤样达到强度极限的能量密度,小煤柱中心没有发生破坏。

(2)工作面回采时,超前工作面 5 m、滞后工作面 10 m 和滞后工作面 30 m 处,小煤柱中心点弹性应变能密度分别增加了39.35%、115.23%、138.72%,形状改变能密度分别增加了30.09%、96.45%、116.79%,体积改变能密度分别增加了47.57%、131.88%、158.18%。随着工作面回采,小煤柱上能量密度增加,能量积聚进一步增大,滞后工作面小煤柱上能量密度增加量大。当工作面回采后,小煤柱中心点的形状改变能密度为 49.08 kJ/m³,小煤柱中心发生破坏;体积改变能密度为65.90 kJ/m³。说明工作面回采后,在采空区侧长悬顶载荷作用下,小煤柱上能量持续积聚,导致小煤柱持续变形,稳定性难以控制。

(3)相邻工作面回采时,超前工作面 5 m 处小煤柱中心点弹性应变能密度增加到 126.30 kJ/m³;形状改变能密度增加到51.81 kJ/m³,增加了 128.84%;体积改变能密度增加到74.49 kJ/m³,增加了191.89%。随着相邻工作面回采,在超前回采动压的作用下,小煤柱上能量密度增大,体积改变能密度增加量大,小煤柱上能量进一步积聚。

（4）发生煤体突出所需积聚的最少能量为 $E_{\min} = \rho v^2/2$,式中,$\rho$ 为煤体的平均密度,$\rho = 1\ 400\ \text{kg/m}^3$;$v$ 为煤体突出时抛出速度。$v = 10\ \text{m/s}$ 时,发生煤体突出所需积聚的能量为70.00 kJ/m³。相邻工作面回采时,在超前相邻面 5 m 范围,体积改变能密度大于发生煤体突出所需积聚的最小能量。由于高能量的积聚,相邻面回采时在超前支承压力影响区域有发生冲击矿压的倾向。

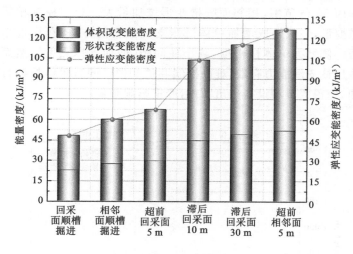

图 4-5　小煤柱上能量积聚过程

综上,小煤柱护巷在两侧巷道掘进和工作面回采过程中,小煤柱受多次动压的影响,小煤柱上能量持续积聚。工作面回采后,积聚的高能量使得小煤柱发生破坏,相邻工作面巷道发生持续变形。相邻工作面回采时,在超前支承压力影响区域,小煤柱上能量继续积聚,有发生冲击矿压的倾向,严重影响工作面安全回采。因此,在回采工作面巷道顶板靠近小煤柱侧形成非贯通裂缝,降低了小煤柱上能量积聚。

### 4.2.3 工作面回采相邻面顺槽变形规律

工作面回采时,相邻面顺槽随距工作面距离的变形曲线如图4-6所示。由图可知,从超前工作面40 m到滞后工作面40 m范围,相邻面顺槽变形量增大。整个变形阶段,相邻面顺槽顶底板移近量由499.3 mm增加至1 105.4 mm,增加了121.39%;两帮移近量由517.5 mm增加至1 394.1 mm,增加了169.39%。滞后工作面30 m范围,相邻面顺槽变形增加量大。为了控制相邻面巷道变形,一般采取增加单体液压支柱数目的方法,在靠近小煤柱帮一侧增大单体柱密度,减小柱间距,增加支撑强度。然而单体液压柱支承能力有限,难以控制巷道变形。同时单体柱数目的增加,使得人员和设备进出困难,严重影响开采。

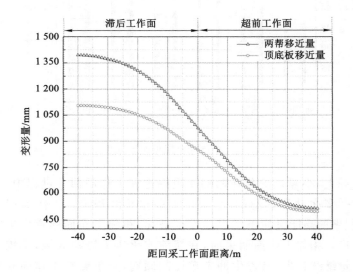

图 4-6   相邻面顺槽变形曲线

工作面回采时,超前工作面 10 m 和滞后工作面 20 m 位置, 相邻面顺槽垂直位移云图和水平位移云图分别如图 4-7 和图 4-8 所示。由两图可知,从超前工作面 10 m 到滞后工作面 20 m 范围,相邻面顺槽顶板云图由绿色 400～450 mm 范围增加到浅蓝色 650～700 mm 范围,底板云图基本不发生变化;小煤柱帮云图由浅蓝色 500～550 mm 范围增加到深蓝色 750～800 mm 范围,实体帮云图基本不发生变化。可见,相邻面顺槽变形量的增加主要是顶板下沉量和小煤柱帮变形量的增加,底板和实体煤帮变形量增加较小。相邻面顺槽顶板下沉量采空区侧明显大于工作面侧,小煤柱帮和实体煤帮变形量相差较大。

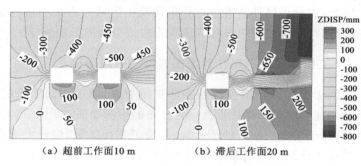

（a）超前工作面10 m　　　　　（b）滞后工作面20 m

图 4-7　相邻面顺槽垂直位移云图

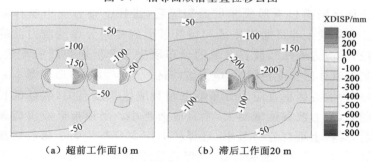

（a）超前工作面10 m　　　　　（b）滞后工作面20 m

图 4-8　相邻面顺槽水平位移云图

综上,工作面回采后,顶板侧向悬顶长度大,相邻面顺槽附加载荷高,小煤柱煤体破碎承载能力弱,导致相邻面顺槽变形量急剧增大,难以保证相邻工作面的正常回采。非贯通预裂爆破通过改变顶板结构,降低相邻面顺槽载荷,优化应力环境,从而减小相邻面顺槽变形。

# 4.3 非贯通裂缝对小煤柱巷道应力分布的影响

超前工作面在顺槽顶板预制非贯通裂缝,顺槽顶板应力分布发生改变。工作面回采后,非贯通裂缝影响采空区顶板的载荷传递。因此,需对小煤柱巷道应力分布和端头区域应力集中进行分析,揭示非贯通裂缝对小煤柱巷道围岩应力分布的影响规律。

## 4.3.1 工作面回采小煤柱巷道围岩卸压效应研究

在回采工作面顺槽顶板预制非贯通裂缝,当工作面回采时,非贯通裂缝长度对小煤柱垂直应力分布的影响如图 4-9 所示。由图可知,由于工作面回采动压影响,超前工作面区域,煤柱上垂直应力随距工作面的距离减小而增加;滞后工作面区域,煤柱上垂直应力随距工作面的距离增大而增加,最终垂直应力趋于稳定。在工作面顺槽顶板形成非贯通裂缝后,煤柱上垂直应力整体降低。在煤柱上非贯通岩体区和裂缝区形成相间分布的应力波峰和波谷,应力波峰和波谷区域的分布取决于非贯通裂缝的参数。非贯通岩体区长度相同时,应力波峰区垂直应力分布形态基本相同;应力波谷区垂直应力分布形态与裂缝区长度有关,裂缝区长度越长,应力波谷区域越大,垂直应力越小。当顶板形成贯通裂缝后,煤柱上垂直应力最小,且煤柱上应力分布均匀。超前切顶区域顶板形成非贯通裂缝后,小煤柱巷道围岩应力重新分布。当工作面回采时,间隔分布的裂缝阻断了回采动压向小煤柱区域的传递,间隔裂缝长度越长,阻断效果越明显,工作面回采后小煤柱上卸压效应越显著。

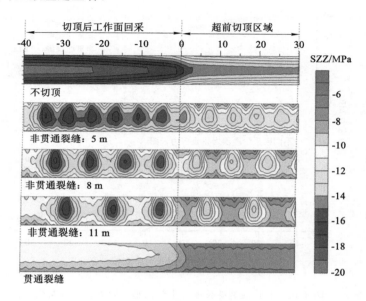

图 4-9　非贯通裂缝长度对小煤柱垂直应力分布影响云图

非贯通裂缝长度对小煤柱中心垂直应力分布的影响曲线如图 4-10 所示。由图可知:

(1) 超前工作面不切顶时,小煤柱中心垂直应力为 14.35 MPa。超前工作面在顺槽顶板预制非贯通裂缝后,应力向深部围岩转移,围岩应力重新分布,小煤柱中心垂直应力减小。非贯通切顶后小煤柱中心垂直应力呈现波峰波谷交替的形态,非贯通岩体处为应力波峰,裂缝处为应力波谷,裂缝处小煤柱中心垂直应力小于非贯通岩体处。非贯通裂缝长度分别为 5 m、8 m、11 m 时,小煤柱中心垂直应力分别为 11.75 MPa、9.60 MPa、

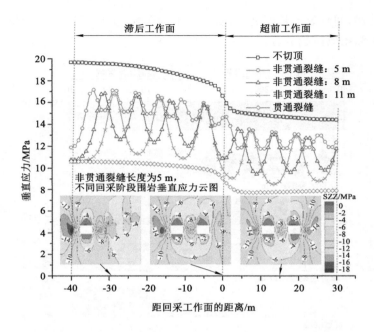

图 4-10 非贯通裂缝长度对小煤柱垂直应力的影响曲线

8.52 MPa,分别减小了 18.12%、33.10%、40.63%。顺槽顶板形成贯通裂缝后,小煤柱中心垂直应力为 7.95 MPa,减小了 44.60%。

（2）未切顶时,工作面回采后小煤柱中心垂直应力为 19.68 MPa。在回采面顺槽预裂,工作面回采后,煤柱中心垂直应力显著减小,有利于相邻面顺槽的维护。非贯通裂缝长度分别为 5 m、8 m、11 m 时,小煤柱中心垂直应力分别为 14.74 MPa、12.61 MPa、11.29 MPa,分别减小了 25.10%、35.92%、42.63%;贯通切顶时,小煤柱中心垂直应力为 10.72 MPa,减小了 45.53%。

（3）非贯通裂缝为 5 m 时，由不同回采阶段围岩垂直应力云图可知，随着工作面回采，相邻面顺槽围岩垂直应力增大，小煤柱帮垂直应力由 10～12 MPa 增大到 16～18 MPa，实体煤帮垂直应力由 12～14 MPa 增大到 18 MPa 以上。

通过以上分析可知，非贯通裂缝可以阻断工作面回采动压向小煤柱区域的传递，有效减小煤柱压力。小煤柱卸压效应取决于非贯通裂缝的长度，非贯通裂缝长度越长，工作面回采后小煤柱中心垂直应力越小，卸压效果越明显，越有利于相邻巷道的维护。在巷道顶板小煤柱侧形成非贯通裂缝，由于非贯通岩体区域的存在，对正在回采的工作面前方巷道稳定性不会产生影响。因此，可以超前工作面连续切顶作业，减少工作面回采和随着工作面回采切顶作业之间的相互影响，优化切顶工艺，提高切顶作业的效率。

工作面回采后，相邻面顺槽围岩垂直应力分布云图如图 4-11 所示。由图可知，不切顶时工作面回采后，小煤柱中心区域垂直应力大小范围在 20～21 MPa。顶板非贯通预裂工作面回采后，非贯通裂缝长度分别为 2 m、5 m、8 m、11 m 和 14 m 时，小煤柱中心区域垂直应力大小范围分别在 18～19 MPa、14～15 MPa、13～14 MPa、11～12 MPa、11～12 MPa，可见小煤柱中心区域垂直应力减小。非贯通裂缝长度从 2 m 增加到 14 m 时，相邻面顺槽顶底板垂直应力在 4～6 MPa 的范围增大，6～8 MPa 的范围减小，顶底板垂直应力减小。相邻面顺槽实体煤帮垂直应力大小范围在 18～19 MPa，随非贯通裂缝长度不发生变化。可见，不切顶时工作面回采后，相邻小煤柱巷道所受压力大，巷道难以维护。通过非贯通预裂的方法，在巷道顶板形成非贯通裂缝，使得小煤柱巷道围岩应力降低。随着非贯通裂缝长度的增加，小煤柱巷道围岩垂直应力呈现先减小后趋于稳定的变化趋势。

小煤柱宽度方向垂直应力分布曲线如图 4-12 所示。由图可

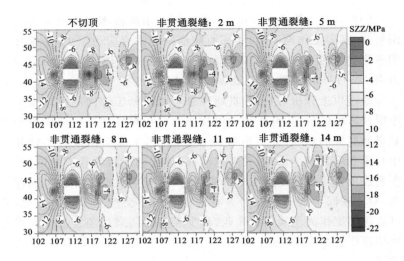

图 4-11　相邻面顺槽围岩垂直应力分布云图

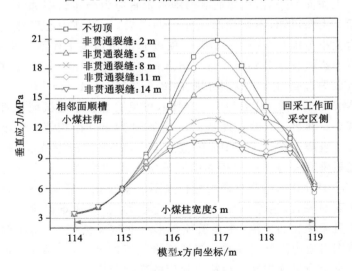

图 4-12　小煤柱宽度方向垂直应力变化曲线

知,小煤柱上应力分布为单峰形态,垂直应力峰值点位于煤柱 3 m 处,靠近工作面采空区侧。不切顶时,小煤柱上垂直应力峰值为 20.80 MPa。非贯通裂缝长度分别为 2 m、5 m、8 m、11 m 和 14 m 时,小煤柱上垂直应力峰值分别为 19.25 MPa、16.38 MPa、12.90 MPa、11.41 MPa 和 10.70 MPa,较不切顶时分别减小了 7.45%、21.25%、37.98%、45.14%、48.56%。随着非贯通裂缝长度的增加,小煤柱上垂直应力峰值减小。当非贯通裂缝长度从 2 m 增加到 11 m 时,小煤柱上垂直应力峰值减小百分比增大;当非贯通裂缝长度大于 11 m 时,小煤柱上垂直应力峰值减小百分比趋于稳定。说明,当非贯通裂缝长度增大到一定值后,卸压效果不再发生变化。因此,需要合理选择非贯通裂缝长度,以保证巷道超前非贯通预裂后的稳定和工作面回采后相邻面顺槽的卸压效果。

由以上分析可知,在回采工作面顺槽顶板形成非贯通裂缝,能够降低工作面回采动压对相邻小煤柱巷道稳定性的影响,减小巷道应力叠加,使得小煤柱巷道处于应力降低区,从而起到保护相邻工作面巷道的目的。合理的非贯通岩体区和裂隙区参数能够保证超前预裂后回采面顺槽的稳定和相邻面顺槽的有效维护。

工作面回采后,相邻小煤柱巷道围岩的卸压效应受非贯通裂缝长度 $L$、裂缝垂直高度 $H$、裂缝偏转角度 $\beta$、裂缝与小煤柱垂直距离 $B$ 等非贯通裂缝参数的影响。非贯通裂缝参数对小煤柱中心垂直应力的影响曲线如图 4-13 所示,曲线指数函数拟合公式见表 4-2。

由图 4-13(a)可知,当非贯通裂缝长度从 2 m 增加到 14 m 时,小煤柱中心垂直应力由 19.25 MPa 减小到 10.70 MPa,减小了 44.42%。当非贯通裂缝垂直高度从 6 m 增加到 22 m 时,小煤柱中心垂直应力由 19.10 MPa 减小到 14.34 MPa,减小了

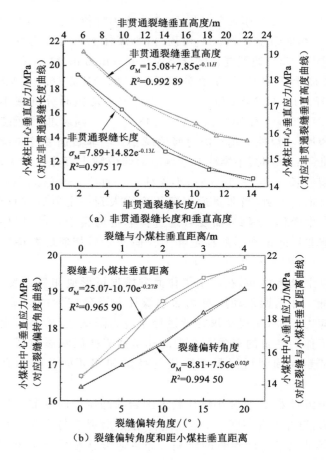

图 4-13　非贯通裂缝参数对小煤柱中心垂直应力的影响曲线

24.92%。随着非贯通裂缝长度和裂缝垂直高度的增加,小煤柱中心垂直应力减小,切顶卸压效应增大。但是,当非贯通裂缝长度和裂缝垂直高度增加到一定值后,切顶卸压效应变化会变小。可见,非贯通裂缝长度和裂缝垂直高度一方面要满足切顶卸压的需求,另一方面要保证巷道超前切顶后的稳定和工作面回采时端头区域的维护。

**表 4-2　小煤柱中心垂直应力曲线拟合公式**

| 非贯通裂缝参数 | 拟合公式 | 相关性系数 |
|---|---|---|
| 裂缝长度 $L$ | $\sigma_M = 7.89 + 14.82e^{-0.13L}$ | $R^2 = 0.975\ 17$ |
| 裂缝垂直高度 $H$ | $\sigma_M = 15.08 + 7.85e^{-0.11H}$ | $R^2 = 0.992\ 89$ |
| 裂缝偏转角度 $\beta$ | $\sigma_M = 8.81 + 7.56e^{0.02\beta}$ | $R^2 = 0.994\ 50$ |
| 裂缝与小煤柱垂直距离 $B$ | $\sigma_M = 25.07 - 10.70e^{-0.27B}$ | $R^2 = 0.965\ 90$ |

由图 4-13(b)可知,当裂缝偏转角度从 0°增加到 20°时,小煤柱中心垂直应力由 16.38 MPa 增加到 19.07 MPa,增加了 16.42%。当裂缝与小煤柱垂直距离从 0 m 增加到 4 m 时,小煤柱中心垂直应力由 14.55 MPa 增加到 21.23 MPa,增加了 45.91%。随着裂缝偏转角度和裂缝与小煤柱距离的增加,小煤柱中心垂直应力增大,切顶卸压效应减小。裂缝偏转角度和裂缝与小煤柱垂直距离影响顶板载荷,随着裂缝偏转角度和裂缝与小煤柱垂直距离的增加,工作面回采后顶板残留载荷增加,导致小煤柱上垂直应力增大。由于小煤柱承受多次动压影响,煤体破碎,承载能力弱。因此,裂缝偏转角度和裂缝与小煤柱垂直距离越小,工作面回采后顶板侧向载荷越小,卸压效果越好。现场施工时,钻孔垂直于顶板打设,裂缝沿竖直方向。对于裂缝与小煤柱帮距离,根据钻机体积和现场施工条件,钻孔位置尽可能靠近小煤柱。

非贯通裂缝长度、裂缝垂直高度主要由炮孔的布置方式、装药结构、炸药参数等决定。裂缝偏转角度、裂缝与小煤柱的距离主要由钻孔的角度、位置等参数决定。因此,需要在实践中根据具体条件确定合理的钻孔参数、炮孔布置方式、装药结构及炸药参数。

### 4.3.2 非贯通裂缝对工作面端头应力分布的影响

工作面回采时,端头区域垂直应力分布云图如图 4-14 所示。

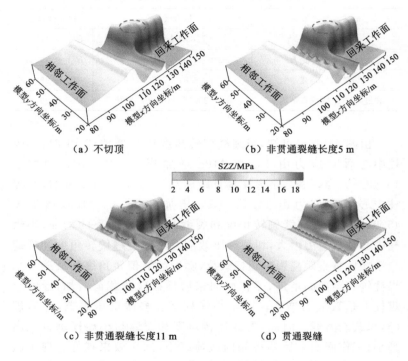

（a）不切顶　　　　　　　　　（b）非贯通裂缝长度5 m

SZZ/MPa

2　4　6　8　10　12　14　16　18

（c）非贯通裂缝长度11 m　　　　　　（d）贯通裂缝

图 4-14　工作面回采时端头区域垂直应力云图

由图 4-14 可知,由于侧向支承压力和超前应力的叠加,在工作面端头区域形成应力尖角区,工作面端头区域应力较大。回采面顺槽顶板不切顶时,端头区垂直应力范围在 12～14 MPa 之间。顶板预裂形成非贯通裂缝长度为 5 m 时,端头区垂直应力范围在 14～16 MPa 之间;非贯通裂缝长度为 11 m 时,端头区垂直应力范围增加到 16～18 MPa；切顶形成贯通裂缝时，端头区垂直应力范围增加到 19～20 MPa。顶板非贯通预裂形成裂缝后，工作面回采时端头区应力增加。随着非贯通裂缝长度的增大，端头区域应力增大，尤其当切顶形成贯通裂缝时，端头区域应力最大。可见，工作面回采时，非贯通预裂减小了端头区应力，保证了端头区的维护。

工作面回采时，端头区域应力集中系数分布云图如图 4-15 所示。回采面顺槽顶板不切顶时，端头区域应力集中系数范围为 1.5～1.6。顶板预裂形成非贯通裂缝长度为 2 m、5 m、8 m 时，端头区域应力集中系数范围为 1.6～1.8。当非贯通裂缝长度从 2 m 增大到 8 m 时，应力集中系数在 1.7～1.8 范围区域增大。非贯通裂缝长度为 11 m 和 14 m 时，端头区域应力集中系数范围在 1.8～2.0 之间。当顶板形成贯通裂缝时，端头区域应力集中系数范围大于 2.0，且应力集中系数范围大于 2.0 区域较大。可见，端头区域应力集中系数随着非贯通裂缝长度的增加而增大。非贯通裂缝使得端头应力集中系数控制在一定范围，保证了工作面端头的稳定。

由以上分析可知，非贯通裂缝使得超前工作面巷道顶板保持稳定，有效控制了回采工作面巷道超前支护段及端头区变形，有利于巷道超前支护段和工作面端头的维护。工作面端头区域压力受非贯通裂缝长度的影响，非贯通裂缝长度越长，工作面端头垂直压力越大。尤其是形成贯通裂缝时，工作面端头垂直压力最大，甚至会出现综采液压支架压架，支架难以移动的问题，给工作面安全高效回采带来隐患。因此，为保证工作面端头维护，必须合理选择爆破孔的数目，确定非贯通裂缝的长度。

当工作面回采时，非贯通裂缝参数对工作面端头区域垂直应力的影响曲线如图 4-16 所示，工作面端头区域垂直应力峰值曲线指数函数拟合公式见表 4-3。

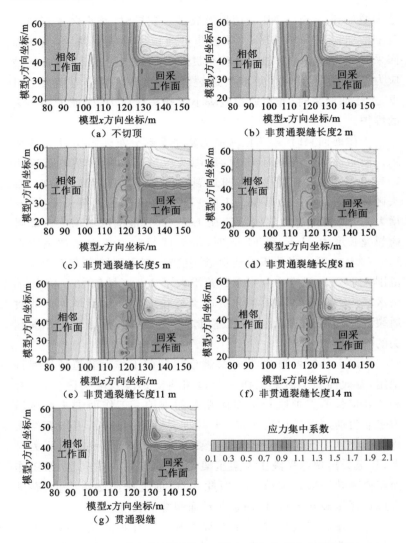

图 4-15 工作面回采时端头区域应力集中系数分布云图

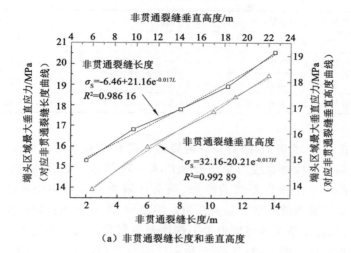

（a）非贯通裂缝长度和垂直高度

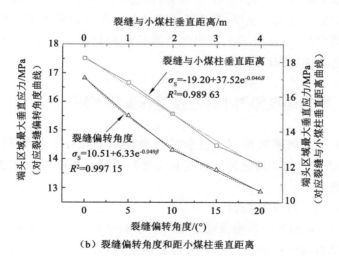

（b）裂缝偏转角度和距小煤柱垂直距离

图 4-16 非贯通裂缝参数对工作面端头区域垂直应力的影响曲线

**表 4-3   工作面端头区域垂直应力曲线拟合公式**

| 非贯通裂缝参数 | 拟合公式 | 相关性系数 |
|---|---|---|
| 裂缝长度 $L$ | $\sigma_S = -6.46 + 21.16e^{-0.017L}$ | $R^2 = 0.986\ 16$ |
| 裂缝垂直高度 $H$ | $\sigma_S = 32.16 - 20.21e^{-0.017H}$ | $R^2 = 0.992\ 89$ |
| 裂缝偏转角度 $\beta$ | $\sigma_S = 10.51 + 6.33e^{-0.049\beta}$ | $R^2 = 0.997\ 15$ |
| 裂缝与小煤柱垂直距离 $B$ | $\sigma_S = -19.20 + 37.52e^{-0.046B}$ | $R^2 = 0.989\ 63$ |

由图 4-16 可知,随着非贯通裂缝长度和垂直高度的增大,工作面端头区域垂直应力集中峰值增大。随着非贯通裂缝偏转角度和距小煤柱垂直距离的增加,端头区域垂直应力集中峰值减小。非贯通裂缝改变了端头三角区的结构、侧向悬顶长度和侧向应力,从而使端头区域应力集中程度发生变化。当非贯通裂缝长度和垂直高度增大时,工作面端头区侧向悬顶应力增大,端头区域应力集中增大。相反,当非贯通裂缝偏转角度和距小煤柱垂直距离增大时,工作面端头区侧向悬顶长度和悬顶应力减小,端头区域应力集中程度降低。

## 4.4   非贯通裂缝对小煤柱能量积聚的影响

在工作面顺槽顶板预制非贯通裂缝影响煤柱上能量积聚。图 4-17 所示为非贯通裂缝长度对小煤柱上弹性应变能密度的影响云图。

从图 4-17 可以看出:

(1)在回采面顺槽顶板形成非贯通裂缝后,小煤柱上能量呈现高低相间分布的形态。非贯通岩体区域,弹性应变能密度大,能量高;非贯通裂缝区域,弹性应变能密度小,能量低。随着工作面回采,小煤柱上弹性应变能密度增大,能量积聚程度增大。

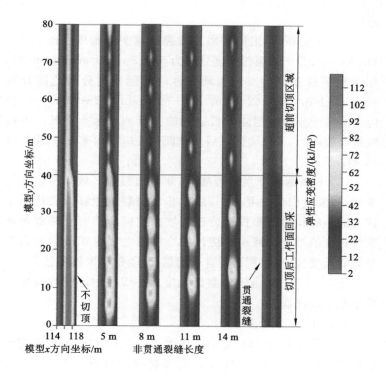

图 4-17 小煤柱上弹性应变能密度分布云图

（2）在超前切顶区域和工作面回采区域，非贯通岩体区弹性应变能密度分布相同，能量积聚程度相同。

（3）不切顶时，超前工作面弹性应变能密度范围为 60～64 kJ/m³；非贯通裂缝长度分别为 5 m、8 m、11 m 和 14 m 时，超前工作面非贯通裂隙区弹性应变能密度范围分别为 42～45 kJ/m³、28～32 kJ/m³、24～28 kJ/m³、22～26 kJ/m³；顶板形成贯通裂缝时，超前工作面弹性应变能密度范围为 20～24 kJ/m³。超前工作面非贯通裂隙区弹性应变能密度随非贯通裂缝长度的增加而降低。

（4）不切顶时，工作面回采后弹性应变能密度范围为 $102\sim$ $112\ \mathrm{kJ/m^3}$；非贯通裂缝长度分别为 5 m、8 m、11 m 和 14 m 时，工作面回采后非贯通裂隙区域弹性应变能密度分布范围分别为 $62\sim72\ \mathrm{kJ/m^3}$、$52\sim62\ \mathrm{kJ/m^3}$、$42\sim52\ \mathrm{kJ/m^3}$、$42\sim52\ \mathrm{kJ/m^3}$，弹性应变能密度分布范围随非贯通裂缝长度的增加而降低。顶板形成贯通裂缝时，工作面回采后工作面弹性应变能密度范围为 $32\sim$ $42\ \mathrm{kJ/m^3}$。

（5）顶板形成非贯通裂缝后，非贯通裂隙区域弹性应变能密度减小，能量积聚程度减小，顶板非贯通裂缝能够有效控制小煤柱上能量的积聚。非贯通裂缝区域弹性应变能密度随着非贯通裂缝长度的增加而减小。切顶后小煤柱上能量积聚程度由非贯通裂缝长度决定，非贯通裂缝长度越长，能量积聚程度越小。

图 4-18 所示为非贯通裂缝长度对小煤柱中心弹性应变能密度变化影响曲线。

从图 4-18 可以看出：

（1）顶板不切顶时，超前工作面 25 m 小煤柱中心弹性应变能密度为 $61.35\ \mathrm{kJ/m^3}$。顶板非贯通裂缝长度分别为 5 m、8 m、11 m 和 14 m 时，超前工作面切顶区域弹性应变能密度波峰值分别为 $50.36\ \mathrm{kJ/m^3}$、$50.04\ \mathrm{kJ/m^3}$、$49.05\ \mathrm{kJ/m^3}$、$49.27\ \mathrm{kJ/m^3}$，弹性应变能密度波峰值相差不大，这是由于非贯通岩体区长度相同，使得弹性应变能密度波峰值相同。超前工作面切顶区域弹性应变能密度波谷值分别为 $41.46\ \mathrm{kJ/m^3}$、$28.43\ \mathrm{kJ/m^3}$、$23.11\ \mathrm{kJ/m^3}$、$21.26\ \mathrm{kJ/m^3}$，与不切顶时相比分别减小了 32.42%、53.66%、62.33%、65.35%。顶板形成贯通裂缝时，超前工作面 25 m 小煤柱中心弹性应变能密度为 $20.21\ \mathrm{kJ/m^3}$，与不切顶时相比减小了 67.06%。随着非贯通裂缝长度的增加，超前工作面切顶区域弹性应变能密度波谷值先减小后趋于稳定。当非贯通裂缝长度大

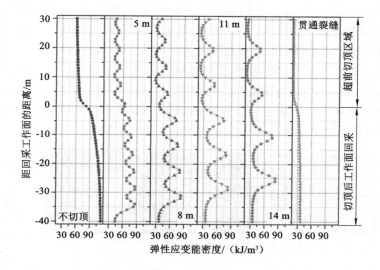

图 4-18　小煤柱中心弹性应变能密度变化曲线

于 8 m 时,弹性应变能密度波谷值几乎不发生变化。

(2) 顶板不切顶时,滞后工作面 35 m 小煤柱中心弹性应变能密度为 113.18 kJ/m³。顶板非贯通裂缝长度分别为 5 m、8 m、11 m 和 14 m 时,工作面回采后弹性应变能密度波谷值分别为 69.35 kJ/m³、46.96 kJ/m³、37.00 kJ/m³ 和 35.45 kJ/m³,与不切顶时相比分别减小了 38.73%、58.51%、67.24% 和 68.68%。小煤柱上能量积聚的程度与非贯通裂缝长度有关,随着非贯通裂缝长度的增加,能量积聚程度先减小后趋于稳定。顶板非贯通裂缝有效控制了工作面回采后小煤柱上能量积聚。

图 4-19 所示为超前切顶区域小煤柱弹性应变能密度分布云图。由图可知,超前切顶区域,不切顶时小煤柱上弹性应变能对称分布,小煤柱中心弹性应变能密度分布范围为 60~72 kJ/m³ 橙色区域。顶板形成非贯通裂缝后,小煤柱上弹性应变能分布形

态发生变化,小煤柱右侧顶角位置弹性应变能减小,弹性应变能峰值范围偏煤柱中下方位置。非贯通裂缝长度为 5 m 时,小煤柱中心弹性应变能密度分布范围为 $36\sim44$ kJ/m$^3$ 黄色区域。非贯通裂缝长度为 11 m 时,弹性应变能密度分布范围为 $20\sim24$ kJ/m$^3$ 绿色区域。当顶板形成非贯通裂缝后,小煤柱中心弹性应变能密度显著减小,小煤柱上能量急骤降低。随着非贯通裂缝长度增加,超前切顶区域小煤柱中心弹性应变能密度减小。

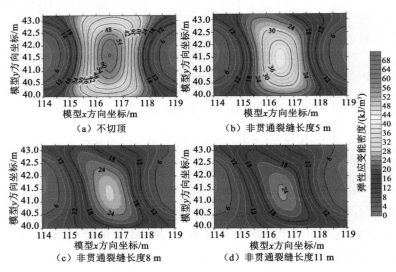

图 4-19　超期切顶区域小煤柱弹性应变能密度分布云图

　　图 4-20 所示为工作面回采后小煤柱弹性应变能密度分布云图。从图中可以看出,工作面回采后,小煤柱在邻近采空区侧的弹性应变能大,小煤柱上弹性应变能峰值范围偏向采空区侧。不切顶时,小煤柱右侧顶角位置弹性应变能大,小煤柱中心弹性应变能密度分布范围为 $110\sim135$ kJ/m$^3$ 橙色区域。顶板形成非贯通裂缝后,非贯通裂缝改变了小煤柱上弹性应变能的分布形态,

小煤柱右侧顶角位置弹性应变能减小,随着非贯通裂缝长度增加,弹性应变能峰值范围偏向右侧底角位置。非贯通裂缝长度为5 m时,小煤柱中心弹性应变能密度分布范围为70~90 kJ/m³ 黄色区域。非贯通裂缝长度为11 m时,弹性应变能密度分布范围为55~70 kJ/m³ 绿色区域。顶板形成非贯通裂缝时,工作面回采后小煤柱中心弹性应变能密度显著减小,小煤柱上能量急骤降低。随着非贯通裂缝长度增加,工作面回采后小煤柱中心弹性应变能密度减小。

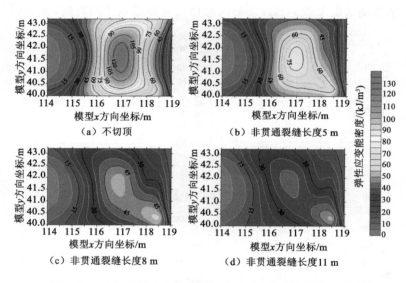

图 4-20　工作面回采后小煤柱上弹性应变能密度分布云图

综合以上分析,预裂切顶能显著减小煤柱上弹性应变能密度,随着非贯通裂缝长度的增加,煤柱上弹性应变能密度减小。因此,采用预裂切顶的方法可以显著减小煤柱上的能量积聚,能量积聚的大小与非贯通裂缝的长度有关。非贯通预裂切断了能量的传递途径,当工作面回采后向相邻面巷道释放的能量减小,从而达到护巷的目的。

图 4-21 所示为非贯通裂缝参数对工作面回采后小煤柱能量积聚的影响曲线。由图可知,随着非贯通裂缝长度和垂直高度的增大,小煤柱中心弹性应变能密度、形状改变能密度和体积改变能密度减小。随着非贯通裂缝偏转角度和距小煤柱垂直距离的增大,小煤柱中心能量密度增大。小煤柱中心能量密度的改变主要是由于工作面回采后侧向悬顶长度和悬顶作用时间发生变化。非贯通裂缝参数通过改变侧向悬顶长度和悬顶作用时间,进而影

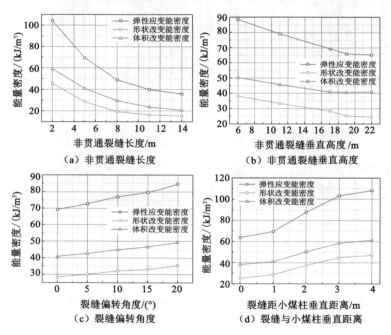

图 4-21　非贯通裂缝参数对小煤柱能量积聚的影响

响小煤柱上能量积聚。非贯通裂缝长度和垂直高度增大时，工作面回采后侧向悬顶作用时间减少，采空区垮落压实的时间缩短，煤柱中心能量急骤降低。非贯通裂缝偏转角度和距小煤柱垂直高度增大时，小煤柱侧向悬顶长度增大，积聚在煤柱上的能量增大。因此，为了降低小煤柱上的能量，一方面可缩短侧向悬顶的作用时间，增大非贯通裂缝长度和裂缝垂直高度，另一方面可减小侧向悬顶长度，降低侧向悬顶作用在小煤柱上的载荷，减小非贯通裂缝偏转角度和距小煤柱垂直距离。

## 4.5 非贯通裂缝对小煤柱巷道变形的影响

工作面回采时，非贯通裂缝会影响回采面顺槽和相邻面顺槽的变形，因此研究非贯通裂缝参数变化对小煤柱两侧巷道变形规律的影响十分重要。

### 4.5.1 非贯通裂缝对回采面顺槽变形规律的影响

在回采面顺槽顶板预制非贯通裂缝，工作面回采时，超前工作面 5 m 处巷道垂直位移云图和水平位移云图如图 4-22 所示。由图可知，随着非贯通裂缝长度的增大，顺槽顶板和右帮蓝色区域范围增大，即顶板垂直位移大于 87.5 mm 范围和右帮水平位移大于 75 mm 范围增大。底板和左帮橙色区域范围基本不发生变化，即底板底鼓量和左帮水平位移量基本不受非贯通裂缝长度的影响。回采面顺槽顶板预制非贯通裂缝后，裂缝区悬顶部分对顶板和右帮施加压力，使得顺槽顶板和右帮变形增大，而对底板和左帮变形的影响较小。非贯通岩体区域控制悬顶对顶板和右帮的作用，能够减小工作面回采对超前巷道的变形影响。非贯通裂缝影响下回采工作面顺槽围岩整体变形量较小。

工作面回采时，超前工作面 40 m 范围内回采面顺槽变形曲

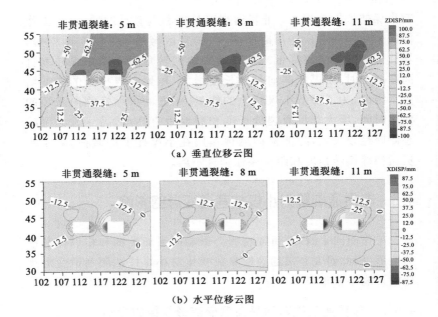

（a）垂直位移云图

（b）水平位移云图

图 4-22　回采面顺槽顶板预制非贯通裂缝后巷道变形云图

线如图 4-23 所示。由图可知，由于超前采动压力的影响，顺槽顶底板和两帮变形量随距回采工作面距离的减小而增加。顺槽未切顶时，顶底板和两帮最大移近量分别为 161 mm 和 121 mm。顺槽顶板非贯通裂缝长度为 5 m、8 m、11 m 时，顶底板最大变形量分别为 240 mm、249 mm、259 mm，较未切顶分别增加了49.07%、54.66%、60.87%；两帮最大变形量分别为 196 mm、205 mm、216 mm，较未切顶分别增加了 61.98%、69.42%、78.51%。随着非贯通裂缝长度的增加，顺槽最大变形量增加，变形的增加量整体较小。顺槽顶板形成贯通裂缝时顶底板和两帮最大变形量分别为 292 mm 和 250 mm，较未切顶增加了 81.37%和 106.61%。与贯通裂缝相比，非贯通裂缝可以控制工作面超前巷道的变形,减小巷道超前变形量。

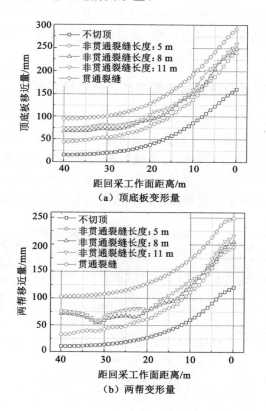

（a）顶底板变形量

（b）两帮变形量

图 4-23 回采面顺槽变形曲线

在回采面顺槽顶板预裂形成裂缝,由于裂缝的影响工作面回采时巷道超前变形量增加,尤其是形成贯通裂缝时,顺槽变形量更大。非贯通岩体区域能控制巷道超前变形量,因此为减小裂缝对巷道超前变形量的影响,要确定合理的裂缝长度及非贯通岩体长度,选择合理的爆破孔数目。顶板形成非贯通裂缝后,工作面回采时超前变形量整体较小,因此可以超前工作面连续预裂切顶,减少工作面回采和预裂切顶之间的相互影响,提高预裂切顶效率。但是为了防止巷道失稳,预裂爆破选择在超前工作面 20~30 m 范围。

## 4.5.2　非贯通裂缝对相邻面顺槽变形规律的影响

　　工作面回采后,滞后回采面距离 35 m 处相邻面顺槽垂直位移云图和水平位移云图如图 4-24 所示。由图可知,相邻面顺槽顶板蓝色区域范围和底板橙色区域范围随着非贯通裂缝长度的增加而减小,即顶板下沉量大于 400 mm 范围和底板底鼓量大于250 mm 范围减小。左帮黄色区域范围和右帮蓝色区域范围随着

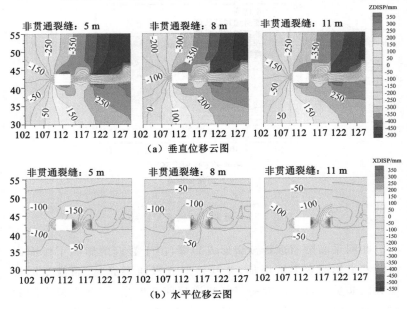

（a）垂直位移云图

（b）水平位移云图

图 4-24　相邻面顺槽变形云图

非贯通裂缝长度的增加而减小,即左帮变形量在 100～250 mm 范围和右帮变形量大于 450 mm 范围减小。当非贯通裂缝长度增加时,裂缝对应力传播的阻断作用增强,工作面回采侧向动压对相邻面的影响程度和作用时间缩短。因此,当非贯通裂缝长度增加时相邻面顺槽变形量减小。

图 4-25 所示为工作面回采时相邻面顺槽顶底板和两帮变形规律。由图可知:

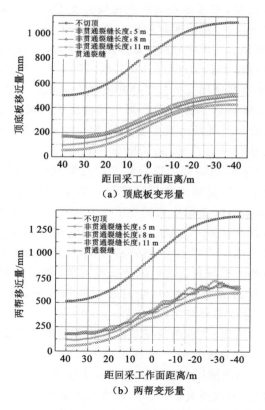

（a）顶底板变形量

（b）两帮变形量

图 4-25 工作面回采时相邻面顺槽变形曲线

（1）由于回采面侧向动压的影响，相邻面顺槽顶底板移近量和两帮移近量增大。超前回采面 10～40 m 范围，相邻面顺槽顶底板和两帮变形较小；超前工作面 10 m 到滞后工作面 30 m 范围，相邻面顺槽顶底板和两帮变形较大，此阶段工作面回采动压对相邻面顺槽变形量影响较大。

（2）工作面未切顶时，相邻面顺槽顶底板和两帮最大变形量分别为 1 105 mm 和 1 394 mm。顶板预裂形成非贯通裂缝长度为 5 m、8 m、11 m 时，相邻面顺槽顶底板最大变形量分别为517 mm、497 mm、468 mm，与未切顶时相比分别减小了 53.21%、55.02%、57.65%；两帮最大变形量分别为 676 mm、659 mm、641 mm，与未切顶时相比分别减小了 51.51%、52.73%、54.02%。非贯通裂缝大于 5 m 时，相邻面顺槽变形量整体相差较小。说明非贯通裂缝长度为 5 m 时，能够达到卸压的效果。切顶形成贯通裂缝时，相邻面顺槽顶底板和两帮最大变形量分别为 432 mm 和 607 mm，与未切顶相比分别减小了 60.90% 和 56.46%。

（3）回采面顺槽预裂爆破形成非贯通裂缝后，相邻面顺槽变形量显著减小。顶板预制非贯通裂缝一方面使得采空区垮落充分，完全充满采空区支撑上覆垮落顶板；另一方面，顶板被切断，顶板侧向悬顶载荷减小，从而减小相邻面巷道变形量。因此，顶板预裂爆破形成非贯通裂缝能够有效减小相邻面巷道的变形。巷道变形量的大小与非贯通裂缝的长度有关，巷道变形量随着非贯通裂缝长度的增加而减小，非贯通裂缝长度增加到一定程度后，相邻面巷道变形量变化较小。

工作面回采时，非贯通裂缝参数对相邻面顺槽顶底板和两帮最大移近量影响曲线如图 4-26 所示。由图可知：

（1）相邻面顺槽最大移近量随着非贯通裂缝长度和垂直高度的增大而减小，非贯通裂缝长度和垂直高度的值增大到一定程度后，巷道最大移近量减小程度开始变小，此时裂缝长度和高度的

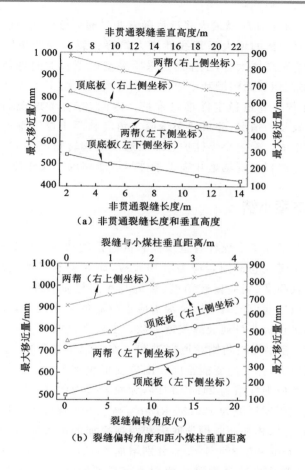

图 4-26 非贯通裂缝参数对相邻面顺槽变形的影响曲线

变化对护巷效果无影响。因此,存在合理的非贯通裂缝长度和垂直高度值,使得预裂爆破工程量和钻孔施工量最小,从而提高预裂爆破施工效率。综合考虑回采面端头区应力集中和相邻面巷道变形,非贯通裂缝长度选择为 5 m。

（2）相邻面顺槽最大移近量随着非贯通裂缝偏转角度和距小煤柱垂直距离的增大呈现线性增大趋势。裂缝偏转角度和距小煤柱垂直距离增大时，工作面回采后采空区顶板侧向悬顶长度增大，作用在相邻面顺槽和小煤柱上载荷增大。由于小煤柱承载能力弱，小煤柱巷道稳定性难以维护。因此，综合考虑现场炮孔施工和爆破装药情况，非贯通裂缝偏转角度和距小煤柱垂直距离应选择较小值。确定小煤柱护巷非贯通裂缝偏转角度为 0°，距小煤柱垂直距离根据现场炮孔施工条件尽可能靠近小煤柱帮。

## 4.6　本章小结

本章建立了小煤柱巷道顶板非贯通预裂卸压数值计算模型，分析了小煤柱巷道围岩应力叠加效应，研究了非贯通裂缝长度、裂缝垂直高度、裂缝偏转角度、裂缝与小煤柱垂直距离等关键参数对小煤柱巷道围岩变形及端头应力分布的影响规律，优化了小煤柱巷道顶板非贯通裂缝关键参数。主要结论如下：

（1）在小煤柱两侧巷道掘进和工作面回采过程中，小煤柱巷道围岩应力、弹性应变能密度和围岩变形叠加增大。小煤柱中心叠加垂直应力峰值为 24.49 MPa，为原岩应力的 3.06 倍；叠加弹性应变能密度峰值为 126.30 kJ/m$^3$，高于发生煤体突出所需积聚的最小能量；相邻面顺槽顶底板和两帮叠加的最大移近量分别为 1 105.4 mm 和 1 394.1 mm，分别增加了 121.39% 和 169.39%。

（2）随着非贯通裂缝长度和垂直高度的增大，小煤柱中心垂直应力、弹性应变能密度以及相邻面顺槽移近量呈现先减小后趋于稳定的变化趋势。随着非贯通裂缝偏转角度和距小煤柱垂直距离的增大，小煤柱中心垂直应力、弹性应变能密度以及相邻面顺槽最大移近量增大。

（3）拟合得到了端头区域垂直应力峰值与非贯通裂缝参数的

指数函数关系。随着非贯通裂缝长度和垂直高度的增大,回采工作面端头区域垂直应力集中峰值增大,顶板形成贯通裂缝时,端头区域应力最大。随着非贯通裂缝偏转角度和距小煤柱垂直距离的增加,端头区域垂直应力集中峰值减小。

（4）结合现场地质条件,综合考虑回采面端头区域应力集中及相邻面巷道变形规律,优化了小煤柱巷道顶板非贯通裂缝参数。确定了非贯通裂缝长度为 5 m,裂缝偏转角度为 0°,距小煤柱垂直距离根据现场炮孔施工条件尽可能靠近小煤柱帮,非贯通预裂爆破选择在超前工作面 20~30 m 范围。

# 5　非贯通预裂覆岩运移破断规律

上一章采用数值计算的方法研究了顶板非贯通预裂围岩卸压机理,优化了非贯通裂缝关键参数。然而数值计算结果不能直接反映非贯通预裂覆岩垮落。相似模拟试验具有易控制重复、试验周期短等优点,试验结果可以与理论研究和数值模拟研究结果相互验证,是研究煤矿井下覆岩运移演化规律的重要研究手段。本章采用三维相似模拟和二维相似模拟相结合的方法,研究小煤柱巷道顶板非贯通预裂对覆岩运移规律和破断结构的影响,从而为小煤柱巷道顶板控制和非贯通预裂参数的合理确定提供依据。

## 5.1　相似模拟试验参数设计及试验方案

### 5.1.1　相似模拟试验参数设计

根据工程概况及试验平台尺寸,确定模型与原型的几何比 $C_l = 1/80$,则模型中巷道宽度和高度别为 56.3 mm 和 40.0 mm,小煤柱宽度为 62.5 mm。原型岩石平均密度为 2 500 kg/m³,模型相似材料平均密度为 1 500 kg/m³,容重比 $C_r = 3/5$,则应力相似比 $C_\sigma = C_l \times C_r = 1/133$。

试验材料选取河砂作为骨料,轻质碳酸钙、石膏作为胶结材料,云母粉作为分层材料,水作为辅料,按照设计配比逐层铺设相似模型。参考文献[212]和[213]相似材料强度配比,确定各岩层的相似材料强度和配比参数。试验中相似模拟分层和相似材料的强度配比见表 5-1。

表 5-1　模拟分层和相似材料强度配比

| 岩性名称 | 原型/m | | 模型/cm | | 分层数 | 抗压强度/MPa | | 配比号 |
|---|---|---|---|---|---|---|---|---|
| | 层厚 | 累厚 | 层厚 | 累厚 | | 原型 | 模型 | 砂∶石灰∶石膏 |
| 粉砂岩 | 2.00 | 86.85 | 2.50 | 108.56 | 1 | 45.80 | 0.34 | 637 |
| 细粒砂岩 | 2.70 | 84.85 | 3.38 | 106.06 | 1 | 61.04 | 0.46 | 537 |
| 泥岩 | 3.50 | 82.15 | 4.38 | 102.69 | 1 | 32.40 | 0.24 | 655 |
| 砂质泥岩 | 7.80 | 78.65 | 9.75 | 98.31 | 3 | 37.50 | 0.28 | 646 |
| 中粒砂岩 | 7.30 | 70.85 | 9.13 | 88.56 | 3 | 58.62 | 0.44 | 546 |
| 砂质泥岩 | 8.00 | 63.55 | 10.00 | 79.44 | 3 | 37.50 | 0.28 | 646 |
| 泥岩 | 5.30 | 55.55 | 6.63 | 69.44 | 2 | 32.40 | 0.24 | 655 |
| 砂质泥岩 | 6.00 | 50.25 | 7.50 | 62.81 | 2 | 37.50 | 0.28 | 646 |
| 泥岩 | 3.25 | 44.25 | 4.06 | 55.31 | 1 | 32.40 | 0.24 | 655 |
| 细粒砂岩 | 2.60 | 41.00 | 3.25 | 51.25 | 1 | 61.04 | 0.46 | 537 |
| 泥岩 | 2.80 | 38.40 | 3.50 | 48.00 | 1 | 32.40 | 0.24 | 655 |
| 细粒砂岩 | 10.35 | 35.60 | 12.94 | 44.50 | 4 | 98.31 | 0.82 | 528 |
| 砂质泥岩 | 2.35 | 25.25 | 2.94 | 31.56 | 1 | 37.01 | 0.28 | 646 |
| 3#煤 | 6.90 | 22.90 | 8.63 | 28.63 | 1 | 9.18 | 0.08 | 773 |
| 泥岩 | 1.55 | 16.00 | 1.94 | 20.00 | 1 | 32.40 | 0.24 | 655 |
| 细粒砂岩 | 1.25 | 14.45 | 1.56 | 18.06 | 1 | 61.04 | 0.46 | 537 |
| 泥岩 | 3.60 | 13.20 | 4.50 | 16.50 | 1 | 32.40 | 0.24 | 655 |
| 砂质泥岩 | 3.60 | 9.60 | 4.50 | 12.00 | 1 | 37.50 | 0.28 | 646 |
| 细粒砂岩 | 6.00 | 6.00 | 7.50 | 7.50 | 1 | 61.04 | 0.46 | 537 |

## 5.1.2　三维相似模拟试验方案

通过三维相似模拟,研究动压影响下非贯通裂隙沿工作面推进方向扩展应力分布及覆岩垮落特征。三维相似模拟试验装置尺寸为长×宽×高＝2 320 mm×1 200 mm×600 mm,试验方案和测点布置如图 5-1 所示。将模型分为Ⅰ顶板贯通切缝、Ⅱ顶板非贯通切缝和Ⅲ顶板未切缝三个区域,对比研究顶板裂缝形式对覆岩运移垮落规律的影响。

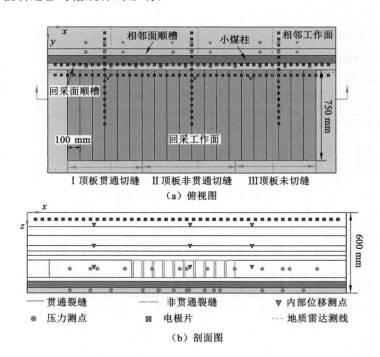

图 5-1　三维相似试验方案和测点布置

采用插入铁片的方式预制顶板裂缝，Ⅰ、Ⅱ区域顶板裂缝高度均为 103.5 mm。Ⅰ区域顶板预制贯通裂缝，贯通裂缝的长度为 600 mm。Ⅱ区域顶板预制非贯通裂缝，裂缝长度与裂缝间距的比值为 5：1，裂缝长度为 62.5 mm，裂缝间距为 12.5 mm。煤层采用泡沫板进行模拟，每次回采 10 cm，三维相似试验模型如图 5-2 所示。模型回采如图 5-3 所示，回采时松开试验装置底部悬吊工字钢螺栓，然后从底部取出泡沫板，再次拧紧螺栓。

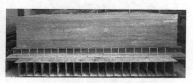

（a）泡沫板模拟煤层　　　　　　　（b）模型铺设完成图

图 5-2　三维相似试验模型

（a）拧松底部悬吊螺栓　　　　　　（b）从底部取出泡沫板

图 5-3　模型回采图

在模型中布置多点位移计、压力盒、电极片，监测工作面回采不同阶段围岩应力和覆岩运移垮落情况。三维相似模型试验数据采集如图 5-4 所示。

（a）岩层位移量监测　　　　　　　　（b）压力盒数据采集

（c）电流数据采集　　　　　　　　（d）模型地质雷达扫描

图 5-4　试验数据采集

三维相似模型试验监测点具体布置如下：

（1）在Ⅰ、Ⅱ和Ⅲ区域分别布置 3 个多点位移测站，每个测站设置 3 层内部位移测点。第一层内部位移测点位于基本顶岩层，距煤层顶板 94.1 mm，编号 W1-1～W1-3；第二层内部位移测点距煤层顶板 266.9 mm，编号 W2-1～W2-3；第三层内部位移测点距煤层顶板 408.2 mm，编号 W3-1～W3-3。监测模型内部岩层的位移量，用以研究顶板裂缝对覆岩位移量的影响。模型内部岩层位移量监测如图 5-4(a)所示，试验过程中采用应变仪持续采集应变数据，可得到不同层位岩层的位移量。

（2）在相邻工作面顺槽实体煤帮和顶板分别布置 9 个压力测点，测点编号分别为 Y1-1～Y1-9、Y2-1～Y2-9，监测Ⅰ、Ⅱ和Ⅲ区域工作面回采后相邻工作面顺槽实体煤帮和顶板的压力；在小煤柱上布置 9 个压力测点，测点编号分别为 Y3-1～Y3-9，监测工作面回采过程中小煤柱的应力变化；在工作面顺槽顶板布置 10 个压力测点，测点编号分别为 Y4-1～Y4-10，监测工作面回采过程中顶板超前应力的变化。如图 5-4（b）所示，试验过程采用 TST3826EW 无线静态应变仪持续采集压力盒应变数据。

（3）在Ⅰ、Ⅱ和Ⅲ区域布置电极片，设置 3 条视电阻率测线，测线编号为 D1～D3；在工作面推进方向设置 2 条视电阻率测线，测线编号 D4、D5，D4 测线布置在顶板切缝的正上方。电流数据采集如图 5-4(c) 所示，试验采用 YWZ11-Z 矿用本安型网络地震仪采集工作面回采Ⅰ、Ⅱ和Ⅲ不同区域时测线的电法参数，计算测线视电阻率，通过模型回采不同区域时的视电阻率变化率来确定岩层的裂缝发育和垮落规律。

（4）在工作面推进方向设置 1 条地质雷达测线，测线编号为 L1；在Ⅰ、Ⅱ和Ⅲ区域设置地质雷达测线，测线编号为 L2～L4。采用 Pulse EKKO PRO 地质雷达，1 000 MHz 天线进行探测。模型地质雷达扫描如图 5-4(d) 所示，在工作面回采Ⅰ、Ⅱ和Ⅲ不同区域时，采用地质雷达监测电磁波在模型中的传播波形，通过电磁波波形变化确定岩层的裂隙发育。

## 5.1.3　二维相似模拟试验方案

采用二维相似模拟的方法，研究工作面巷道顶板形成裂缝后覆岩竖向垮落形态及围岩应力分布特征。二维相似模拟试验架尺寸为长×宽×高＝1 380 mm×120 mm×1 100 mm。试验方案和测点布置如图 5-5 所示。在小煤柱顶板区域布置 9 个压力测点，测点编号从下向上依次为 P1～P9；在模型上每隔 100 mm 布置水平测线和垂直测线，水平测线从下向上编号为 H1～H10，垂直测线从左向右编号为 V1～V13，水平测线与垂直测线的交点为位移测点。

共铺设两个相似模型，铺设完成的相似模型如图 5-6 所示。

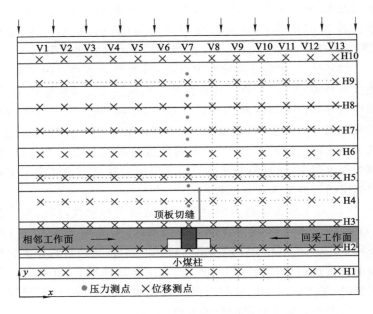

图 5-5    二维相似模拟试验方案和测点布置

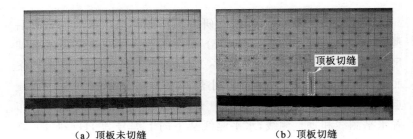

（a）顶板未切缝                            （b）顶板切缝

图 5-6    相似模型铺设完成图

图 5-6(a)相似模型在工作面顺槽顶板不进行切缝;图 5-6(b)相似模型在工作面顺槽顶板切缝,小煤柱两侧顺槽开挖完成后,在工作面顺槽顶板形成裂缝,裂缝与小煤柱的距离为 12.5 mm,裂缝高度为 103.5 mm。

试验时,首先从右向左进行工作面回采,工作面回采完毕后从左向右回采相邻工作面,每次回采 5 cm。试验过程中,采用静态应变仪持续采集压力盒数据,同时采用高清照相机每隔 8 s 拍摄模型覆岩垮落情况,拍摄时相机固定在同一位置,禁止移动,保证覆岩运移量计算的准确。

## 5.2 工作面推进方向覆岩垮落及应力分布

三维相似模型工作面回采过程中,研究不同区域覆岩垮落形态、视电阻率变化率以及电磁波传播路径,分析小煤柱巷道围岩应力分布,揭示工作面推进方向顶板切缝对覆岩运移破断结构及应力分布的影响规律。

### 5.2.1 工作面回采过程中覆岩破断结构

工作面回采后,覆岩破断形成"O-X"形空间结构,走向和倾向剖面岩体呈"悬臂梁"和"砌体梁"平衡结构状态。图 5-7 所示为三维模型回采完毕后,高、低位关键岩层破断空间结构示意图,图 5-8所示为三维模型顶部垮落形态。由图 5-7 和图 5-8 可知:

(1) 低位关键岩层破断形式为"竖 O-X"形破断,这是由于低位关键岩层的周期垮落步距小于工作面长度,随着工作面推进,关键岩层周期性的垮落,形成"竖 O-X"形破断结构。

(2) 回采面顺槽顶板切缝改变了顶板结构,低位关键岩层三角板的形状和断裂位置发生了变化。顶板切缝后,三角板断裂线为切顶线,三角板断裂位置位于巷道顶板,形成"短悬臂梁"和"砌

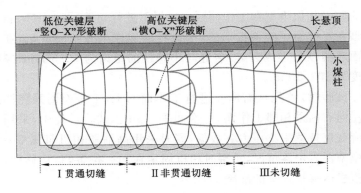

图 5-7 关键层破断结构示意图

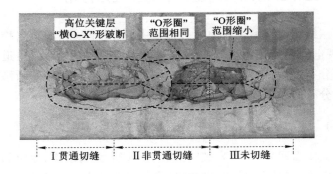

图 5-8 三维模型顶部垮落形态

体梁"平衡结构。顶板未切缝时,三角板断裂线为弧形,三角板断裂位置位于相邻工作面,形成"长悬臂梁"平衡结构。随着工作面回采,长悬臂断裂回转下沉,使得相邻工作面小煤柱巷道压力增大,难以维护。

（3）顶板切缝后,随着工作面回采"短悬臂梁"不发生回转,同时顶板附加载荷小,使得小煤柱及相邻工作面顺槽压力变小,起到了保护相邻工作面顺槽的目的。顶板切缝"砌体梁"铰接点位于巷道内部,"砌体梁"的稳定性对于本工作面巷道维护具有重要的影响,增加了巷道超前支护段及端头维护的难度。顶板非贯通切缝区域,巷道顶板保持一定的连接,使得顶板具有一定的自稳能力,保证了顶板结构的稳定。工作面回采后,非贯通裂缝相互贯通垮落,实现了滞后工作面来压切顶。

(4) 高位关键岩层破断形式为"横 O-X"形破断,这是由于高位关键岩层的周期垮落步距大于工作面长度,随着工作面推进,高位关键岩层周期性垮落,形成"横 O-X"形破断结构。

(5) 顶板切缝改变了高位关键岩层"O 形圈"的范围,O 形垮落范围增大。在贯通切缝和非贯通切缝区域,"O 形圈"范围基本相同。顶板未切缝,垮落度减小,使得 O 形垮落范围缩小。

由以上分析可知,随着工作面回采,低位和高位关键岩层破断空间结构分别为"竖 O-X"形和"横 O-X"形空间结构。顶板切缝改变了低位关键岩层三角板的形状和断裂位置。顶板未切缝时,形成"长悬臂梁"平衡结构。顶板切缝后,形成"短悬臂梁"和"砌体梁"平衡结构。顶板切缝使得高位岩层 O 形垮落范围增大,在贯通切缝和非贯通切缝区域,"O 形圈"范围基本相同。

## 5.2.2 顶板切缝对覆岩视电阻率的影响

在工作面回采过程中,相似模型岩层发生破断和垮落。不同回采阶段岩层的裂隙发育程度、垮落空间结构、采空区压实程度存在差异,使得模型的视电阻率发生变化。因此,可通过视电阻率的变化反映相似模型中岩层的垮落状态。采用高密度电阻率法,采集相似模型回采不同区域时各电极间电位及电流数据,计算模型回采过程中的视电阻率。

视电阻率变化率可以减少背景电阻率对反演结果的影响,通过视电阻率变化率的等值线分布,可以反演回采过程中相似模型裂缝发育及岩层垮落,揭示顶板切缝对覆岩垮落的影响规律。模型回采前视电阻率为 $\rho_s$，回采后视电阻率变化率为 $\Delta\rho_s/\rho_s$，绘制视电阻率变化率的分布云图。变化率为正值，视电阻率增大，说明岩层垮落，垮落岩层存在空间裂缝，且裂缝开度大；变化率为负值，视电阻率减小，说明垮落岩层在覆岩载荷的作用下被压实，裂缝闭合。

$D_1$ 和 $D_2$ 测线分别在模型回采前、Ⅰ区域回采完毕后、Ⅱ区域回采完毕后和Ⅲ区域回采完毕后进行四次数据采集，分析工作面回采过程中视电阻率的变化，进一步反演工作面推进方向覆岩破断规律。图 5-9 所示为模型回采Ⅰ、Ⅱ、Ⅲ区域时，$D_1$ 和 $D_2$ 断面视电阻率变化率分布云图。由图可知：

（1）工作面回采过程中，$D_2$ 断面视电阻率变化率比 $D_1$ 断面大，说明覆岩垮落程度大。这是由于 $D_2$ 断面距回采边界距离比 $D_1$ 断面大，覆岩垮落程度和裂缝开度大，因此视电阻率变化率大。

（2）$D_1$ 断面视电阻率变化率随着工作面回采逐渐增大，说明随着工作面回采，$D_1$ 断面裂缝逐渐发育，裂缝数量和开度逐渐增大。贯通切缝区域，Ⅱ区域回采完毕后整个断面裂隙发育，随着Ⅲ区域继续回采，裂缝数目和裂缝开度继续增大。非贯通切缝区域，Ⅱ区域回采完毕后，裂隙发育范围小，随着Ⅲ区域继续回采，裂隙继续发育，与贯通切缝区域相比裂缝发育情况相差不大。未切顶区域，随着工作面回采基本无裂隙发育。可见非贯通切顶区域随着工作面回采，裂隙逐渐发育，与贯通切缝相比视电阻率变化率基本相同，裂隙发育相差不大。$D_1$ 断面Ⅰ、Ⅱ区域裂隙发育使得上覆关键岩层悬臂长度减小，覆岩对小煤柱和相邻工作面顺槽的载荷减小，起到卸除小煤柱压力的作用。

（3）工作面回采完毕后 $D_2$ 整个断面视电阻率增大。$-0.6\sim-0.3$ m 范围的视电阻率变化比 $-0.3\sim0$ m 范围的小，说明在 $-0.6\sim-0.3$ m 范围覆岩垮落裂缝少，垮落的岩块密实度较好；在 $-0.3\sim0$ m 范围，覆岩垮落裂缝多，密实度差，存在空间大裂

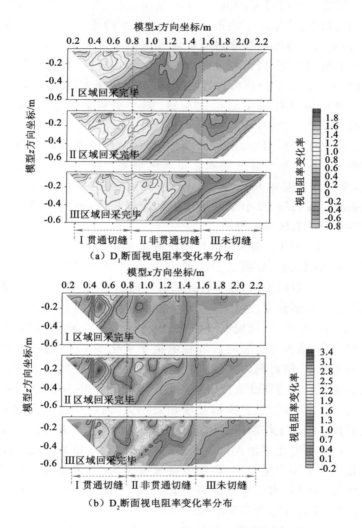

（a）$D_1$ 断面视电阻率变化率分布

（b）$D_2$ 断面视电阻率变化率分布

图 5-9　$D_1$、$D_2$ 断面视电阻率变化率分布云图

隙。随着工作面回采，一0.3～0 m 范围的视电阻率变化率逐渐减小，裂缝在载荷作用下逐渐闭合，覆岩逐渐垮落密实。工作面回采后，贯通切缝区域和非贯通区域视电阻率变化率相差不大，整个断面覆岩垮落，垮落程度基本相同。未切缝区域，岩层并未完全垮落。可见，顺槽顶板切缝，视电阻率变化率大，覆岩垮落程度大。顶板切缝有利于岩层的垮落，减小关键岩层悬顶和顶板载荷。

由以上分析可知，回采面顺槽顶板切缝，使得覆岩的视电阻率变化大。贯通切缝区域和非贯通区域视电阻率变化率相差不大，垮落程度基本相同，都能够减小关键岩层悬顶和顶板载荷。顶板非贯通切缝，减小了顺槽顶板的裂缝长度，有利于回采工作面巷道及端头区域的维护。

D3、D4 和 D5 测线各进行两次数据采集，在模型回采前进行第一次数据采集，分别在Ⅰ区域、Ⅱ区域和Ⅲ区域回采完毕后各进行第二次数据采集，分析各区域工作面回采结束后视电阻率变化及覆岩垮落程度。图 5-10 所示为模型Ⅰ、Ⅱ、Ⅲ区域回采结束后，$D_3$、$D_4$ 和 $D_5$ 断面视电阻率变化率分布云图。由图可知，工作面回采后，顶板切缝影响区域视电阻率变化率增大，说明预制裂缝向上扩展，使得覆岩垮落，减小了高位岩层的悬臂梁长度。贯通切缝和非贯通切缝高位岩层视电阻率变化率基本相同，说明覆岩垮落程度相同，悬臂梁的长度相差不大，两种切缝方式都可以起到减小相邻工作面小煤柱巷道载荷的目的。未切缝时，低位岩层视电阻率变化率增大，低位岩层发生垮落；高位岩层视电阻率变化率几乎不发生变化，高位岩层未发生垮落，未垮落的岩层范围较大，在高位岩层中形成长悬臂结构，增加了相邻工作面顺槽的载荷，使得巷道变形量增大。

可见，工作面顺槽顶板切缝后，切缝影响区域视电阻率变化率增大，覆岩垮落程度大，减小了顶板的悬臂梁长度，从而起到减小相邻工作面小煤柱巷道压力和变形的目的。

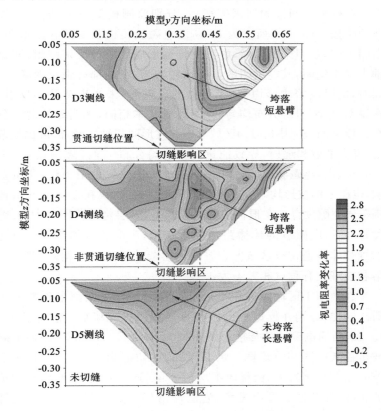

图 5-10   D₃、D₄ 和 D₅ 断面视电阻率变化率分布云图

## 5.2.3   顶板切缝对电磁波传播规律的影响

地质雷达将高频电磁波转化为宽频带短脉冲来探测存在电性差异的物体。工作面回采后,覆岩垮落使得岩层介电性质发生变化。因此,可通过波形的变化分析覆岩中裂隙发育,揭示切缝

对覆岩运移破断规律的影响。

在模型未回采和回采完毕后,分别监测模型中 $L_1$ 断面电磁波的传播。图 5-11 所示为 $L_1$ 断面电磁波传播灰度图和波形图。由图可知,模型未回采时,电磁波传播形成低幅的反射波组,同相轴未发生错断,其能量团的分布比较均匀,在局部有强反射条纹。同时,电磁波的波形均匀,无明显的反射面,未产生杂乱的反射。这说明,模型岩层分布均匀,介电性质基本相同,无明显的裂缝分布。模型回采完毕后,Ⅰ、Ⅱ区域电磁波波形同相轴错断,波形比较杂乱,发生散射和绕射,导致能量团不均匀分布。Ⅲ区域仅在 0.4～0.6 m 范围,电磁波波形同相轴错断,波形比较杂乱;在 0～0.4 m 范围,电磁波的波形均匀。这说明顶板未切缝时,仅在0.4～0.6 m 范围覆岩裂隙发育。在顶板切缝的影响下,岩层垮落范围增大,裂隙发育,使得电磁波的传播路径发生变化,产生散射和绕射。贯通切缝和非贯通切缝区域电磁波的传播杂乱程度基本相同,覆岩垮落和裂缝发育程度相差不大。

在模型Ⅰ区域回采完毕后,监测模型中 $L_2$ 断面电磁波的传播。同样,分别在模型Ⅱ区域和Ⅲ区域回采完毕后,监测模型中 $L_3$、$L_4$ 断面电磁波的传播。图 5-12 所示为 $L_2$、$L_3$ 和 $L_4$ 断面电磁波传播灰度图和波形图。由图可知,在切缝影响区范围内,电磁波的振幅显著增大,能量团不均匀分布,波形杂乱,说明由于切顶的影响,在此区域裂缝发育,岩层垮落形成短悬臂。顶板未切缝时,在模型 $z$ 方向 0.2～0.3 m 范围、$y$ 方向 0.3～0.55 m 范围,电磁波波形分布均匀,同相轴未发生错断,说明此处岩层比较完整,形成长悬臂结构。长悬臂增大了覆岩的载荷,使得相邻小煤柱巷道压力增大。

由以上分析可知,在切缝影响区范围内,电磁波的振幅增大,能量团不均匀分布,岩层垮落形成短悬臂。顶板未切缝时,在高位岩层的电磁波波形分布均匀,同相轴未发生错断,岩层比较完

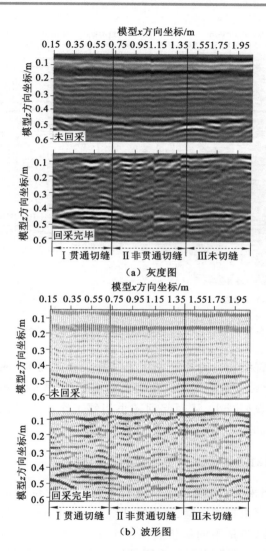

图 5-11  L₁ 断面电磁波传播灰度图和波形图

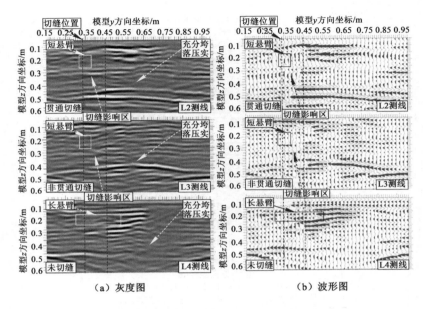

（a）灰度图　　　　　　（b）波形图

图 5-12　$L_2$、$L_3$ 和 $L_4$ 断面电磁波灰度图和波形图

整，形成长悬臂结构。对比高密度电法探测结果可知，两种方法探测覆岩垮落结果基本相同。顺槽顶板切缝后，减小了顶板悬臂梁长度，上覆载荷减小，从而起到减小相邻工作面小煤柱巷道压力和变形的目的。

## 5.2.4　切缝对工作面回采覆岩运移的影响

　　工作面回采时，顺槽顶板裂缝对上覆岩层的位移量产生影响。因此，在顶板贯通切缝、非贯通切缝、不切缝三个区域布置内部位移监测点，测量不同层位岩层的下沉量，揭示顶板切缝对覆岩下沉量的影响规律。图 5-13 所示为顶板切缝对不同层位岩层下沉量的影响曲线。由图可知：

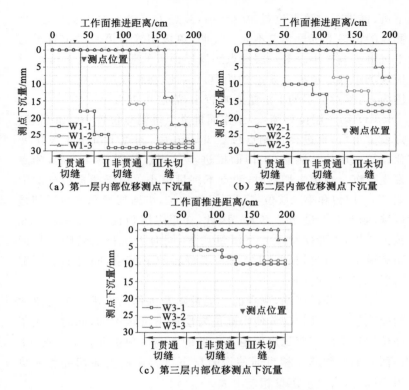

图 5-13　切缝对不同层位岩层下沉量的影响曲线

（1）随着工作面回采，各测点下沉量的变化趋势为台阶式的变化。当回采过测点位置后，测点发生突然下沉。随着模型继续回采，测点发生多次突然下沉，且下沉增加量逐渐减小，最终下沉量不发生变化。测点的最终下沉量随岩层层位的增加而减小，这是由于覆岩垮落碎胀充填采空区，使得岩层出现不协调变形，岩层层位越高，下沉量越小。

（2）第一层位移测点，工作面推进至过测点位置后，测点发生下沉；推进至过测点位置 40 cm 后，测点下沉量不发生变化，三个测点的最终下沉量相差不大。说明，顶板切缝对第一层位岩层的下沉量影响较小。第一层测点距煤层顶板的距离为 94.1 mm，对应现场距煤层顶板 7.5 m 的距离。因此，在距煤层顶板 7.5 m 范围内，切缝对岩层的下沉量影响较小，岩层可以自由垮落。

（3）第二层位移测点，工作面推进至过测点位置 10 cm 后，测点发生下沉；推进至过测点位置 60 cm 后，测点下沉量不发生变化。第三层位移测点，工作面推进至过测点位置 30 cm 后，测点发生下沉。顶板未切缝时，测点下沉量最小。由于顶板裂缝的影响，第二层位和第三层位岩层下沉量增加，贯通切缝和非贯通切缝区域，测点下沉量相差不大。因此，在距煤层顶板 21.3～32.6 m 范围岩层，切缝使得覆岩下沉量增大，同时下沉稳定后距工作面距离减小。可见，顶板切缝增大了覆岩的下沉量，同时缩短了覆岩下沉稳定的时间。

由以上分析可知，测点的下沉量随着工作面推进呈现台阶式的变化趋势。顶板切缝使得高位岩层的下沉量增加，同时缩短了高位岩层下沉垮落稳定后距工作面的距离。顶板非贯通切缝，工作面回采后裂缝互相贯通使得岩层下沉。顶板贯通切缝和非贯通切缝时，岩层下沉量相差不大。

## 5.2.5　切缝对巷道围岩应力分布的影响

工作面回采时，顶板切缝对工作面超前应力产生影响。工作面回采过程中，分析回采面顺槽顶板各监测点应力的变化，揭示顶板切缝对巷道超前应力分布的影响。在工作面回采时，顺槽顶板超前应力的变化曲线如图 5-14 所示。由图可知，Ⅲ未切缝区域，顶板各监测点超前应力平均值为 13.23 kPa。Ⅰ贯通切缝区域和Ⅱ非贯通切缝区域，顶板各监测点超前应力平均值分别为 18.43 kPa、15.52 kPa，与未切缝区域相比分别增大了 39.30％、

17.31%。可见,工作面回采时顶板切缝使得巷道超前应力增大,非贯通切缝超前应力增加程度小,非贯通切缝使得顶板具有一定的连续性,有利于工作面超前段的维护。因此,为保证切缝巷道的维护,需增加工作面超前 30 m 范围临时支护的强度,增加单体液压支柱数量。

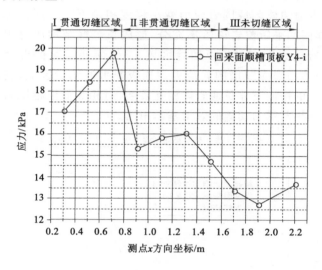

图 5-14  工作面回采过程中顺槽顶板超前应力分布特征

工作面回采时,在采动影响下相邻面顺槽围岩应力增大。工作面回采完毕后,分析相邻面顺槽围岩应力的变化,揭示顶板切缝对相邻面小煤柱巷道围岩应力分布的影响规律。图 5-15 所示为工作面回采完毕后,相邻面顺槽各测点的应力对比曲线。由图可知,模型Ⅲ顶板未切缝区域,相邻面顺槽实体帮、顶板、小煤柱帮测点应力平均值分别为 13.68 kPa、9.22 kPa、14.22 kPa。模型Ⅰ顶板贯通切缝区域,相邻面顺槽实体帮、顶板、小煤柱帮测点应力平均值分别为 8.46 kPa、5.79 kPa、8.19 kPa,与未切缝区域相比分别减小了 38.16％、37.20％、42.41％。模型Ⅱ顶板非贯通切缝区域，相邻面顺槽实体帮、顶板、小煤柱帮应力平均值分别为 8.45 kPa、6.08 kPa、8.10 kPa，与未切缝区域相比分别减小了 38.23％、34.06％、43.04％。这说明在回采面顺槽顶板切缝区域，工作面回采后相邻面顺槽围岩应力减小，且顶板贯通切缝区域和非贯通切缝区域围岩应力减小程度相差不大。顶板未切缝时，工作面回采后覆岩垮落不充分，形成长悬臂结构使得相邻面顺槽围岩应力大增。顶板切缝区域，工作面回采后覆岩垮落充分，减小了相邻面顺槽围岩应力。顶板非贯通切缝区域，在超前回采动压的作用下非贯通岩体相互贯通，对相邻面顺槽围岩应力的卸压效果与贯通切缝的效果基本相同。

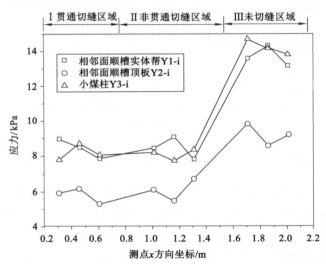

图 5-15　工作面回采后相邻面顺槽围岩应力对比曲线

　　由以上分析可知，工作面回采时，顶板切缝使得回采面顺槽超前应力增大，非贯通切缝顶板具有一定的连续性，超前应力增加程度小。在回采面顺槽顶板切缝，工作面回采后相邻面顺槽围岩应力减小，顶板贯通切缝和非贯通切缝相邻面顺槽围岩应力减小程度基本相同。

## 5.3 顶板竖向覆岩运移及应力分布特征

建立顶板预裂二维相似模型，研究顶板预裂对应力的阻断效应及工作面覆岩竖向垮落规律。

### 5.3.1 裂缝对覆岩竖向破断结构的影响

随着工作面回采工作的进行，采空区覆岩垮落逐渐向高位岩层发展，呈现规律性的破断，破断的岩块之间形成铰接结构。工作面回采后，回采面和相邻面覆岩破断结构分别如图 5-16 和图 5-17 所示。由图可知：

（1）顶板不切缝时，覆岩垮落不充分，岩层间不均匀下沉产生层间离层，垮落覆岩横向裂缝较多，压实度小，采空区内破碎岩体之间有明显空隙不能对上覆岩层起到有效支撑作用。顶板岩层垮落角约为 55°，由于基本顶强度高，顶板整体性好，岩层难以垮落，因此顶板垮落角较小。在上覆关键层中，形成长悬臂结构。长悬臂结构使得小煤柱承受载荷增大，相邻工作面顺槽围岩压力增大，不利于巷道维护及工作面回采。

（2）顶板切缝时，覆岩垮落稳定，没有产生层间离层。在顶板切缝高度处，岩层沿切缝垮落，垮落岩层充填密实度好，支承上覆垮落岩层，减小了相邻工作面顺槽的载荷。高于裂缝范围顶板岩层处，顶板岩层垮落线沿预制裂缝斜向上扩展，顶板垮落角约为 70.5°，上覆关键岩层悬露长度短，形成短悬臂结构，说明顶板切缝一方面增加了岩层的垮落度，使得垮落岩层充满采空区支承残余顶板，另一方面增大了顶板垮落角，减小了悬顶长度，使得相邻工

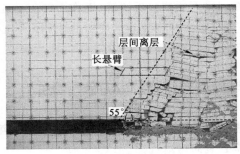

（a）顶板未切缝

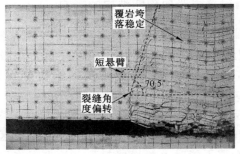

（b）顶板切缝

图 5-16　工作面回采后覆岩垮落结构

作面巷道受力和变形减小，有益于巷道维护。

（3）相邻工作面回采后，顶板未切缝和切缝垮落角分别为 71°和 65°，切缝后顶板岩层垮落角变小。顶板切缝后，回采工作面顶板悬顶变短，对相邻工作面顶板载荷减小，相邻工作面顶板强度和完整性较不切缝时要好，因此，顶板岩层垮落角小。

由以上分析可知，顶板切缝改变了工作面岩层垮落角和顶板悬顶结构。切缝后，工作面采空区顶板垮落角较大，上覆岩层悬顶变短，对相邻工作面载荷减小。

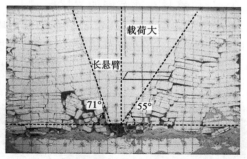

（a）顶板未切缝

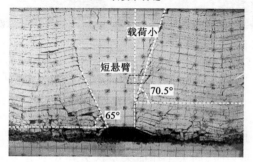

（b）顶板切缝

图 5-17  相邻工作面回采后覆岩垮落结构

## 5.3.2  顶板裂缝对覆岩变形规律的影响

采用摄影测量方法，研究小煤柱两侧工作面回采后覆岩的变形规律。图 5-18 所示为工作面回采后覆岩位移云图。由图可知，低位岩层位移量基本相同，岩层位移量范围在 40～50 mm，顶板切缝对于低位岩层的下沉量影响较小。对于高位岩层，顶板未切缝时岩层位移量范围在 10～20 mm，且位移量在 10～20 mm 岩层区域小。顶板切缝后高位岩层位移量范围在 25～35 mm，高位岩层位移量增大,且位移量在此范围的岩层区域大。可见,顶板切缝对于低位岩层位移影响不大,高位岩层在切缝影响下较易产生下沉,位移量和产生位移的区域范围大。因此,顶板切缝使得回采工作面采空区垮落压实更充分,缩短了采空区岩层垮落稳定的时间。

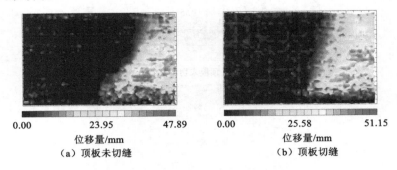

图 5-18　工作面回采后覆岩位移云图

图 5-19 所示为相邻工作面回采后覆岩位移云图。由图可知,相邻工作面回采时,回采工作面采空区岩层位移量在动压的影响

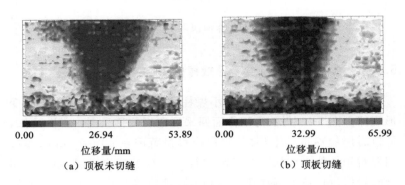

图 5-19　相邻工作面回采后覆岩位移云图

下继续增大,且顶板切缝时位移增加量较小。这说明相邻工作面回采时,顶板切缝工作面采空区岩层基本垮落稳定。相邻工作面采空区岩层整体位移量相差不大,低位岩层位移量范围在 40～50 mm,高位岩层位移量范围在 20～30 mm。可见,顶板切缝对于相邻工作面采空区覆岩变形影响不大。

由以上分析可知,顶板切缝对于回采工作面采空区高位岩层变形影响较大,使得采空区高位岩层变形量增大,高位岩层较易垮落,采空区稳定时间短,有利于相邻工作面巷道的维护。顶板切缝对于回采工作面采空区低位岩层及相邻工作面采空区覆岩变形影响较小,岩层位移云图基本相同。

为研究工作面回采后顶板切缝对覆岩位移量的影响规律,对水平测线和垂直测线位移量进行分析。水平测线选取 H4、H5、H7、H9,测线距煤层的距离分别为 113.7 mm、213.7 mm、413.7 mm、613.7 mm。垂直测线选取 V8、V9、V10、V11,测线距小煤柱帮的垂直距离分别为 56.3 mm、156.3 mm、256.3 mm、356.3 mm。工作面回采后水平测线和垂直测线位移量变化曲线见图 5-20 和图 5-21。

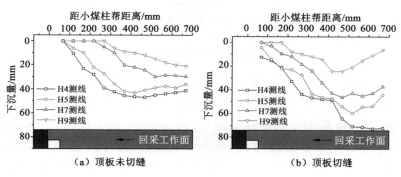

（a）顶板未切缝　　　　　　　（b）顶板切缝

图 5-20　工作面回采后水平测线位移量变化

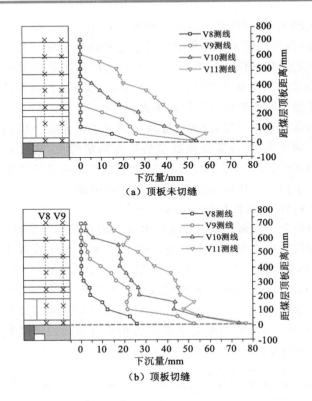

图 5-21  工作面回采后垂直测线位移量变化

由图 5-20 可知,顶板未切缝时,H4、H5、H7、H9 测线最大位移量分别为 46.98 mm、43.24 mm、32.76 mm、21.35 mm。顶板切缝时,各测线最大位移量分别为 72.70 mm、59.78 mm、41.22 mm、22.32 mm,与不切缝相比,最大位移量分别增加了 54.75%、38.25%、25.82%、4.54%。H4 测线受切缝影响位移量增加最大,H9 位移量增加最小。可见,测线层位越高,受切缝影响位移量增加越小,H9 测线以上层位岩层,位移量几乎不受切缝的影响。因此,切缝影响的最高岩层层位距煤层距离为 613.7 mm,对应现场 49.10 m,约为 5.93 倍切缝高度。

由图 5-21 可知,随着距煤层顶板距离的增加,顶板位移量减小。顶板不切缝时,V8、V9、V10、V11 各测线均有不发生下沉的测点。顶板切缝后,各测点均发生下沉。测线距小煤柱帮的垂直距离越大,位移量受切缝影响越小。测线距小煤柱帮的垂直距离大于 356.3 mm 时,受切缝影响小。因此,顶板切缝的水平影响范围约为 356.3 mm,对应现场 28.50 m 水平距离。

由以上分析可知,岩层层位越高,距切缝的水平距离越远,位移量受切缝影响越小,切缝竖向影响范围约为 49.10 m,为 5.93 倍切缝高度,横向影响范围约为 28.5 m。

相邻工作面回采后,水平测线 H4、H5、H7、H9 位移量变化曲线如图 5-22 所示。由图可知:① 相邻工作面回采后,回采面采空区岩层位移量继续增大。顶板不切缝时,各测线的最大位移量分别增加了 20.84%、18.78%、7.66%、6.09%。顶板切缝时,各测线的最大位移量分别增加了 1.10%、5.74%、4.29%、4.48%。切缝时,测线的位移量增加较小。这说明,顶板切缝后,相邻工作面回采时,回采面采空区覆岩已经基本垮落稳定,不会影响相邻工作面回采。而顶板不切缝时,受相邻工作面回采动压的影响,工作面采空区覆岩进一步下沉,覆岩下沉扰动会影响相邻工作面顺槽,使其变形进一步增大,影响相邻工作面高效回采。② 相邻工作面采空区岩层各测线的变化趋势和位移量基本相同。顶板未切缝时,各测线最大位移量分别为 53.51 mm、43.64 mm、29.78 mm、22.42 mm。顶板切缝时,各测线最大位移量分别为 54.91 mm、47.45 mm、40.47 mm、26.13 mm。切缝对相邻工作面采空区覆岩的位移量影响较小。③ 靠近模型边界处,部分测点位移量受模型边界的影响。

综上所述,回采工作面顺槽顶板切缝后工作面覆岩垮落稳

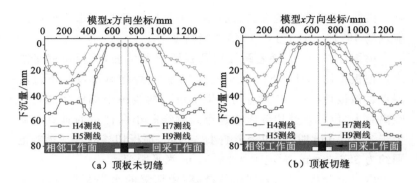

图 5-22 相邻工作面回采后水平测线位移量变化

定,当相邻工作面回采时,受回采面采空区岩层垮落扰动的影响较小,有利于相邻工作面的回采。

对比分析三维相似模型和二维相似模型岩层位移量可知,相应位置岩层位移量基本相同。顶板切缝对覆岩的位移量影响趋势相同,对低位岩层的位移量影响较小,增加了高位岩层的位移量,有利于回采工作面采空区的下沉,缩短了采空区下沉垮落稳定的时间。

### 5.3.3 切缝后小煤柱顶板应力分布规律

回采工作面顺槽顶板切缝后,巷道围岩应力重新分布。为研究顶板切缝对小煤柱区域顶板应力的影响,在顶板岩层不同层位布置压力盒,分析不同层位岩层垂直应力的变化,揭示切缝后小煤柱顶板区域应力分布规律。小煤柱区域顶板垂直应力变化曲线如图 5-23 所示。

由图 5-23(a)可知,小煤柱顶板区域垂直应力随着顶板高度的增加而增加,最终趋于稳定。基本顶形成裂缝后,由于裂缝的影响顶板垂直应力减小,裂缝对垂直应力的影响高度范围为 2.9

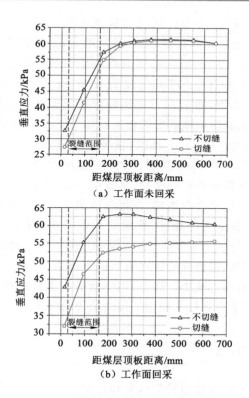

（a）工作面未回采

（b）工作面回采

图 5-23 小煤柱区域顶板垂直应力变化曲线

倍裂缝高度。在裂缝高度范围内，垂直应力平均减小了 12.48%；超过裂缝高度范围后，垂直应力平均减小了 1.06%。在裂缝高度范围内，垂直应力减小幅度较大。可见，裂缝在一定高度范围内影响垂直应力的分布，超过一定范围后，垂直应力分布不受顶板切缝的影响。

由图 5-23(b)可知：① 工作面回采后，小煤柱顶板区域垂直应力随着顶板高度的增加而增加，最终趋于稳定。② 顶板不切缝时,工作面回采后,小煤柱区域顶板垂直应力增大。这是由于工作面回采后,顶板悬露长度增加,载荷增大,使得顶板垂直应力增大。在顶板 250 mm 范围内,垂直应力平均增加了 16.64%;超过 250 mm 范围,垂直应力平均增加了 1.36%。顶板 250 mm 范围,即现场 20 m 范围,垂直应力增加幅度较大。顶板悬顶载荷对小煤柱区域顶板的影响随高度的增加而减小。③ 顶板切缝时,工作面回采后,在 0~150 mm 范围,顶板垂直应力增加,平均增加了 14.72%;超过 150 mm 范围,顶板垂直应力减小,平均减小了 8.93%。随着顶板高度的增加,垂直应力减小程度变化不大。这是由于随着顶板高度的增加,顶板悬顶载荷变化不大。④ 工作面回采后,与顶板未切缝相比,顶板切缝使得小煤柱区域顶板垂直应力减小,平均减小了 14.21%。顶板切缝减小了悬顶的载荷,同时增加了采空区的破碎岩体对顶板的支撑能力,因此使得小煤柱区域顶板垂直应力减小。综上,切缝使得小煤柱区域顶板垂直应力减小,有利于小煤柱及相邻工作面顺槽的维护。

## 5.4 本章小结

本章通过三维相似模拟试验和二维相似模拟试验,研究了顶板非贯通预裂小煤柱巷道围岩应力分布规律,得到了工作面回采时岩层视电阻率的变化规律,研究了高频电磁波在覆岩中的传播规律,揭示了工作面推进方向和竖向顶板非贯通预裂岩层三维运移破断演化规律。主要结论如下:

(1) 随着工作面回采,低位和高位关键岩层破断结构为"竖 O-X"形和"横 O-X"形空间结构。顶板非贯通预裂改变了低位关键岩层断裂三角板形状、顶板悬顶结构和岩层垮落角。顶板切缝后,高位岩层"O 形圈"范围增大,贯通切缝和非贯通切缝区域"O 形圈"范围相同。

（2）顶板未切缝时，低位岩层视电阻率变化率增大，电磁波波形同相轴错断，岩层垮落。高位岩层视电阻率变化率不变，电磁波波形和能量团分布均匀，高位岩层未发生垮落，形成长悬臂结构。

（3）顶板切缝后，覆岩视电阻率变化率增大，电磁波波形发生散射和绕射。在贯通切缝区域和非贯通区域，岩层视电阻率变化率相差小，电磁波波形的杂乱程度基本相同，岩层垮落程度和侧向短悬臂长度相同。

（4）工作面回采过程中，岩层位移量随着工作面推进呈现台阶式的变化趋势。顶板切缝对低位岩层位移量的影响小，增加了高位岩层的位移量，同时缩短了高位岩层垮落稳定后距工作面的距离。

（5）顶板切缝使得回采面顺槽超前应力增大，非贯通预裂顶板具有连续性，其超前应力增加程度小，有利于超前工作面巷道的维护。顶板非贯通切缝时，工作面回采后相邻面顺槽围岩应力减小，对巷道围岩应力的卸压效果与贯通切缝相同。

# 6 预裂爆破裂缝扩展规律及控制

定向预裂爆破在控制爆破中应用广泛,聚能管和空孔可实现爆破裂缝的定向控制,小煤柱巷道基本顶非贯通裂缝的形成采用预裂爆破的方式。本章通过 LS-DYNA 动力学数值计算的方法,研究聚能管和空孔在定向预裂爆破中的协同导向作用,分析单孔和双孔爆破时不耦合系数、空孔与爆破孔距离等对有效应力的影响,揭示聚能管和空孔协同作用下预裂爆破裂缝的形成、扩展及止裂规律,并提出非贯通预裂爆破参数设计方法,为现场顶板非贯通预裂爆破参数的确定提供依据。

## 6.1 预裂爆破数值计算模型及方案设计

通过 ANSYS/LS-DYNA 动力学数值计算软件,建立单孔和双孔爆破数值计算模型,研究聚能管和空孔对非贯通裂缝形成和扩展的控制作用。单孔爆破和双孔爆破数值计算模型如图 6-1 所示,为提高计算网格的质量采用映射方法进行网格划分,模型边界设置为无反射边界,数值计算时单位选择为 cm-、g-、μs。

图 6-1 所示数值计算模型中,炸药直径为 35 mm,硬质 PVC 聚能管壁厚为 2 mm,聚能孔的直径为 4 mm。模型由岩石、空气、炸药和 PVC 聚能管 4 部分组成,模型厚度为 2 mm,网格大小为 2.5 mm。数值计算采用 ALE 流固耦合算法,计算时间设置为 600 μs,计算时间步长为 0.67 μs/步。数值计算模型中岩石、空

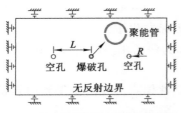
（a）单孔爆破数值计算模型示意图

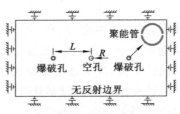
（b）双孔爆破数值计算模型示意图

（c）爆破孔模型

（d）空孔模型

图 6-1　单孔爆破和双孔爆破数值计算模型

气、炸药和聚能管材料本构模型及状态方程的选择如下：

（1）岩石材料

岩石材料选用 MAT_JOHNSON_HOLMQUIST_CON-CRETE 模型，通过 MAT_ADD_EROSION 关键字，定义岩石的抗压强度和抗拉强度为岩石失效判据。当岩石抗压强度或者抗拉强度达到设定值时即失效，从而模拟岩石爆破失效及爆破裂缝形成和扩展过程，包括爆破粉碎区形成与径向裂缝扩展。

归一化等效应力定义为：

$$\sigma^* = \frac{\sigma}{f_c'} \tag{6-1}$$

式中：$\sigma$ 为实际等效应力，MPa；$f_c'$ 为准静态单轴抗压强度，MPa。

本构关系表达式为：

$$\sigma^* = [A(1-D) + BP^{*N}][1 + Cln(\dot{\varepsilon}^*)] \qquad (6\text{-}2)$$

式中:$D$ 为损伤参数;$P^* = P/f_c{}'$ 为标准化压力;$\dot{\varepsilon}^* = \dot{\varepsilon}/\dot{\varepsilon}_0$ 为无量纲应变率;$A$ 为法向黏性系数;$B$ 为法向压力硬化系数;$C$ 为法向黏性系数;$N$ 为压力硬化指数。

该模型根据等效塑性应变和塑性体积应变增量得到的累积损伤 $D$ 为:

$$D = \sum \frac{\Delta\varepsilon_p + \Delta\mu_p}{D_1(P^* + T^*)^{D_2}} \qquad (6\text{-}3)$$

式中:$\Delta\varepsilon_p$ 和 $\Delta\mu_p$ 分别是等效塑性应变和塑性体积应变;$D_1$ 和 $D_2$ 是材料常数;$T^* = T/f_c{}'$ 是标准化最大拉伸静水压力。

当 $P^* > 0$ 时,处于压缩状态,损伤强度 $DS$ 为:

$$DS = f_c{}' \cdot min[SFMAX, A(1-D) + BP^{*N}] \cdot [1 + Cln\,\bar{\dot{\varepsilon}}^*] \qquad (6\text{-}4)$$

当 $P^* < 0$ 时,处于拉伸状态,损伤强度 DS 为:

$$DS = f_c{}' \cdot max\left[0, A(1-D) - A\left(\frac{P^*}{T}\right)\right](1 + Cln\,\bar{\dot{\varepsilon}}^*) \qquad (6\text{-}5)$$

全密度材料的压力表示为:

$$P = K_1\bar{\mu} + K_2\bar{\mu}^2 + K_3\bar{\mu}^3 \qquad (6\text{-}6)$$

式中:$K_1$、$K_2$ 和 $K_3$ 是材料常数;修改后的体积应变为:

$$\bar{\mu} = \frac{\mu - \mu_{lock}}{1 + \mu_{lock}} \qquad (6\text{-}7)$$

式中:$\mu_{lock}$ 是锁定体积应变。

岩石材料模型参数见表 6-1,岩石失效时的最大拉应力为 9.48 MPa,最大压应力为 182.86 MPa。

(2)空气材料

空气状态方程为 EOS_LINEAR_POLYNOMIAL,空气采用 MAT_NULL 模型。空气压力状态方程如下:

$$P = C_0 + C_1\mu + C_2\mu^2 + C_3\mu^3 + (C_4 + C_5\mu + C_6\mu^2)E \quad (6\text{-}8)$$

式中：$C_0 \sim C_6$ 为常数。

表 6-1　岩石材料模型参数

| 密度 /(g/cm³) | 剪切 模量 /GPa | 弹性 模量 /GPa | 静态抗压 强度 /MPa | 抗拉 强度 /MPa | 泊松比 | $A$ | $B$ | $C$ | $N$ |
|---|---|---|---|---|---|---|---|---|---|
| 2.65 | 15.00 | 11.68 | 98.31 | 9.48 | 0.09 | 0.79 | 1.6 | 0.007 | 0.61 |

空气材料及其状态方程参数见表 6-2。

表 6-2　空气材料及其状态方程参数

| 密度 /(g/cm³) | EOS_LINEAR_POLYNOMIAL 状态方程参数 | | | | | | | | | |
|---|---|---|---|---|---|---|---|---|---|---|
| | $C_0$ | $C_1$ | $C_2$ | $C_3$ | $C_4$ | $C_5$ | $C_6$ | $\mu$ | $V_0$ | $E$/GPa |
| 0.001 2 | 0 | 0 | 0 | 0 | 0.4 | 0.4 | 0 | 1.4 | 1.0 | 0.002 5 |

（3）炸药材料

炸药采用乳化炸药，本构模型采用 MAT_HIGH_EXPLO-SIVE_BURN 模型，状态方程为 EOS_JWL 状态方程。

EOS_JWL 状态方程将压力定义为：

$$P = A\left(1 - \frac{\omega}{R_1 V}\right)\mathrm{e}^{-R_1 V} + B\left(1 - \frac{\omega}{R_2 V}\right)\mathrm{e}^{-R_2 V} + \frac{\omega E}{V} \quad (6\text{-}9)$$

式中：$P$ 为压力，GPa；$V$ 为相对体积，cm³；$E$ 为初始比内能，J；$A$、$B$、$R_1$、$R_2$、$\omega$ 是材料参数。

乳化炸药及状态方程参数见表 6-3。

（4）聚能管材料

聚能管采用硬质 PVC 管，选用 MAT_PLASTIC_KINE-MATIC 模型。聚能管材料参数见表 6-4。

表 6-3　乳化炸药及状态方程参数

| 密度 /(g/cm³) | 爆速 /(cm/μs) | CJ压力 /GPa | EOS_JWL 状态方程参数 | | | | | |
|---|---|---|---|---|---|---|---|---|
| | | | A/GPa | B/GPa | $R_1$ | $R_2$ | $\omega$ | $E_0$/GPa |
| 1.30 | 0.38 | 10.50 | 214.40 | 1.82 | 4.20 | 0.90 | 0.15 | 4.19 |

表 6-4　聚能管材料参数

| 密度/ (g/cm³) | 弹性模量 /MPa | 泊松比 | 屈服强度 /MPa | 剪切模量 /MPa | 硬化参数 |
|---|---|---|---|---|---|
| 1.60 | 3.53 | 0.38 | 3.31 | 5.00 | 0.50 |

　　双孔爆破时由于应力波的叠加作用，应力波传播和裂缝扩展规律与单孔爆破时相比具有显著差异。因此，分别对单孔爆破和双孔爆破进行数值计算。对预裂爆破时无聚能管和空孔、空孔导向、聚能管导向、聚能管和空孔协同导向四种情况进行研究，探讨聚能管和空孔在定向预裂爆破中对应力波传播和裂缝扩展的控制作用，研究不耦合系数、空孔与爆破孔距离和空孔直径等因素对预裂爆破的影响规律。以爆破孔直径 55 mm、不耦合系数1.57、空孔直径 55 mm、空孔与爆破孔距离 100 cm 为基本方案，采用控制单一变量的方法进行数值计算方案设计，爆破数值计算方案见表 6-5。

表 6-5　预裂爆破数值计算方案

| 序号 | 不耦合系数(炮孔直径/mm) | 空孔与爆破孔距离 $L$/cm | 空孔直径 $R$/mm |
|---|---|---|---|
| 1 | 1.14(40) | 50 | 35 |
| 2 | 1.29(45) | 75 | 45 |
| 3 | 1.43(50) | 100 | 55 |
| 4 | 1.57(55) | 125 | 65 |

表 6-5(续)

| 序号 | 不耦合系数(炮孔直径/mm) | 空孔与爆破孔距离 $L$/cm | 空孔直径 $R$/mm |
|---|---|---|---|
| 5 | 1.71(60) | 150 | 75 |
| 6 | 1.86(65) | 175 | 85 |

## 6.2 预裂爆破聚能管和空孔协同导向规律

针对预裂爆破时无聚能管和空孔、空孔导向、聚能管导向、聚能管和空孔协同导向四种情况进行研究,探讨聚能管和空孔对应力波传播和裂缝扩展的控制作用,揭示定向预裂爆破聚能管和空孔协同导向规律。

### 6.2.1 聚能管和空孔对有效应力的影响

在一定的变形条件下,当受力物体内一点的等效应力达到某一定值时,该点就开始进入塑性状态。Von Mises 有效应力 $\sigma_e$ 为:

$$\sigma_e = \frac{1}{\sqrt{2}}\sqrt{(\sigma_x - \sigma_y)^2 + (\sigma_y - \sigma_z)^2 + (\sigma_z - \sigma_x)^2 + 6(\tau_{xy}^2 + \tau_{yz}^2 + \tau_{zx}^2)}$$

$$= \frac{1}{\sqrt{2}}\sqrt{(\sigma_1 - \sigma_2)^2 + (\sigma_2 - \sigma_3)^2 + (\sigma_3 - \sigma_1)^2} \tag{6-10}$$

式中:$\sigma_x$、$\sigma_y$、$\sigma_z$、$\tau_{xy}$、$\tau_{yz}$、$\tau_{zx}$ 为应力分量,MPa;$\sigma_1$、$\sigma_2$、$\sigma_3$ 为第一、第二、第三主应力,MPa。

在爆破孔水平和垂直方向分别设置 3 个监测点,各测点间距 $a$ 为 10 cm,对比分析无聚能管和含聚能管时水平以及垂直方向的有效应力,揭示聚能管对爆破孔周围有效应力分布的影响规律。爆破孔水平和垂直方向监测点有效应力时程曲线分别如图 6-2 和图 6-3 所示,无聚能管和含聚能管爆破孔时各监测点有效应力峰值如图 6-4 所示。由图可知：

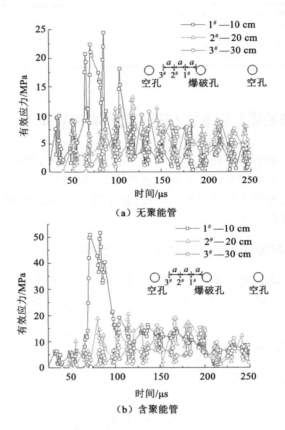

（a）无聚能管

（b）含聚能管

图 6-2　爆破孔水平方向监测点有效应力时程曲线

（1）随着时间的增加，爆破孔周围有效应力基本呈现先增大到一定峰值后逐渐减小的变化趋势，且监测点有效应力峰值随测点距炮孔壁距离的增加而减小。

（2）由图 6-2 可知，在爆破孔水平方向，无聚能管爆破时 1#、

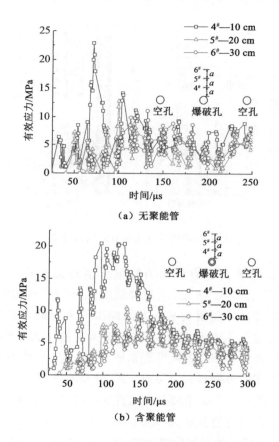

图 6-3 爆破孔垂直方向监测点有效应力时程曲线

$2^{\#}$ 和 $3^{\#}$ 测点有效应力峰值分别为 24.47 MPa、13.19 MPa 和 10.65 MPa，达到有效应力峰值的时间分别为 86.43 $\mu$s、118.57 $\mu$s 和 136.67 $\mu$s。含聚能管爆破时各测点有效应力峰值分别为 51.77 MPa、20.51 MPa 和 16.23 MPa，达到有效应力峰值的时间分别为 83.73 $\mu$s、114.55 $\mu$s 和 146.70 $\mu$s。含聚能管爆破时水平

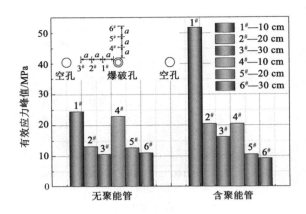

图 6-4　爆破孔各测点有效应力峰值

方向相应位置各测点有效应力峰值分别是无聚能管爆破时的 2.12 倍、1.55 倍和 1.52 倍，达到峰值时的时间基本相同。可见，含聚能管爆破时可以增大水平方向即聚能方向的有效应力。这是由于炸药爆炸后在聚能孔处形成气体尖端压力，产生初始裂缝。爆生气体和爆炸应力波沿着聚能方向传播，聚能方向对爆生气体和应力波的传播起到了导向作用，使得有效应力增大。

（3）由图 6-3 可知，在爆破孔垂直方向，无聚能管爆破 4#、5# 和 6# 测点有效应力峰值分别为 22.92 MPa、12.78 MPa 和 11.10 MPa，达到有效应力峰值的时间分别为 79.00 $\mu$s、109.81 $\mu$s 和 131.99 $\mu$s。含聚能管爆破各测点有效应力峰值分别为 20.48 MPa、10.55 MPa 和 9.22 MPa，达到有效应力峰值的时间分别为 96.46 $\mu$s、131.99 $\mu$s 和 150.73 $\mu$s。与无聚能管爆破时相比，含聚能管爆破相应位置测点有效应力峰值分别减小了 10.65%、17.45% 和 16.94%，达到峰值的时间延迟了 17.46 $\mu$s、22.18 $\mu$s 和 18.74 $\mu$s。这说明，含聚能管爆破时减小了垂直聚能方向的有效应力，延迟了达到有效应力峰值的时间。聚能方向对爆生气体和应力波传播具有导向作用,同时垂直聚能方向聚能管壁抑制了爆生产物的释放和作用强度。在聚能方向的导向和垂直聚能方向的抑制作用下,垂直方向各测点有效应力减小,测点达到峰值的时间延迟。

(4) 由图 6-4 可知,无聚能管爆破时水平和垂直方向相应位置各测点有效应力峰值相差不大。含聚能管爆破时水平方向即聚能方向有效应力峰值较垂直方向相应位置各测点较大,如距爆破孔 10 cm 的 1# 测点有效应力峰值为垂直方向 4# 测点的 2.53 倍。

综合以上分析可知,聚能方向对爆生气体和爆炸应力波的传播具有导向作用,有效应力增强了 2 倍以上。同时,垂直方向聚能管壁具有抑制作用,从而使得聚能方向有效应力更大,起到对裂缝的定向控制作用。

单孔爆破时在空孔孔壁设置 3 个监测点,无空孔时在相同位置设置监测点,分析空孔有效应力分布特征,揭示单孔爆破时空孔对有效应力变化规律的影响。各监测点有效应力时程曲线如图 6-5 所示,导向方式对空孔有效应力峰值的影响如图 6-6 所示。由图可知:

(1) 单孔爆破时,各测点有效应力变化趋势为先增加到峰值然后逐渐衰减,最后呈现上下波动变化,波动变化范围较小。预裂爆破导向方式对于空孔测点有效应力峰值具有显著的影响。

(2) 无聚能管和空孔时,7#、8# 和 9# 测点有效应力峰值分别为 6.45 MPa、6.04 MPa 和 5.67 MPa;聚能管导向时,7#、8# 和 9# 测点有效应力峰值分别为 9.51 MPa、8.83 MPa 和 7.27 MPa。随着测点距爆破孔距离的增加,各测点的有效应力峰值减小。有效应力峰值的减小主要是由于应力波的传播衰减,应力幅值和波速不断降低。聚能管导向时各测点有效应力峰值较无聚能管和空孔时分别增加了 47.44%、46.19% 和 28.22%,说明聚能管作

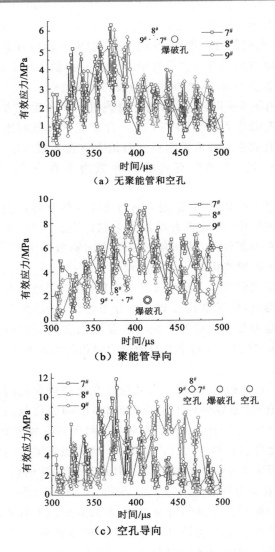

图 6-5  单孔爆破时空孔监测点有效应力时程曲线

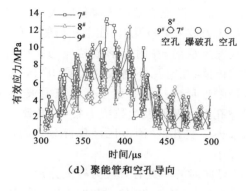

（d）聚能管和空孔导向

图 6-5 （续）

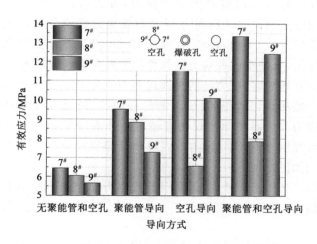

图 6-6 单孔爆破导向方式对空孔有效应力峰值的影响

用下聚能方向爆炸应力波强度增大，使得有效应力峰值增大。

（3）空孔导向时，$7^{\#}$、$8^{\#}$ 和 $9^{\#}$ 测点有效应力峰值分别为 11.92 MPa、6.56 MPa 和 10.09 MPa；聚能管和空孔导向时，$7^{\#}$、$8^{\#}$ 和 $9^{\#}$ 测点有效应力峰值分别为 13.33 MPa、7.86 MPa 和

12.42 MPa，7#和9#测点有效应力峰值较大，8#测点有效应力峰值较小。爆炸应力波入射空孔时，在空孔内侧入射区域（7#区域）一部分应力波发生反射，在附近形成拉应力集中区；另一部分应力波继续向前传播，在空孔外侧入射区域（9#区域）反射，同样在外侧入射区域附近形成拉应力集中区。应力波在空孔处的反射和绕射使得空孔左右两侧发生拉应力集中，导致7#和9#测点有效应力峰值较大。空孔8#测点区域仅部分绕射应力波，因此有效应力峰值较小。

（4）空孔导向时各测点有效应力峰值分别是无聚能管和空孔时的1.85倍、1.09倍和1.78倍，爆炸应力波在空孔处的反射和绕射使空孔左右两侧发生应力集中，造成空孔处的有效应力增大。聚能管和空孔导向时各测点有效应力峰值分别是无聚能管和空孔时的2.07倍、1.30倍和2.19倍，可见在聚能管和空孔协同作用下，促使空孔处应力波强度和有效应力峰值最大。

双孔爆破时，应力波的传播过程更为复杂。在空孔孔壁上布置两个监测点，分析有效应力的时程曲线，研究双孔爆破时空孔周围应力波传播规律。双孔爆破时空孔周围监测点有效应力时程曲线如图6-7所示，导向方式对双孔爆破时空孔有效应力峰值的影响如图6-8所示。由图可知：

（1）双孔爆破时，空孔周围有效应力变化趋势与单孔爆破基本相似，即先增加到峰值然后逐渐减小，最后在一定范围内上下波动。

（2）无聚能管和空孔时，双孔爆破1#和2#测点有效应力峰值分别为8.93 MPa和7.25 MPa，较单孔爆破增加了38.45％和20.03％。聚能管导向时，各测点有效应力峰值分别为11.44 MPa和10.07 MPa，较单孔爆破增加了20.29％和14.04％。双孔爆破后，爆炸应力波相遇后叠加，使得应力波强度增大，有效应力峰值较单孔爆破时增大。

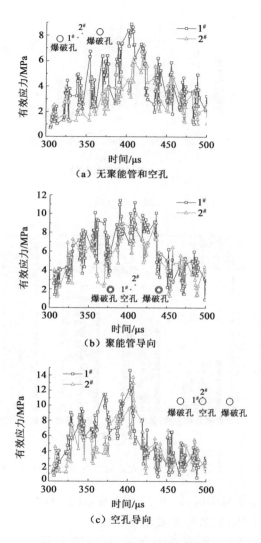

图 6-7  双孔爆破时空孔监测点有效应力时程曲线

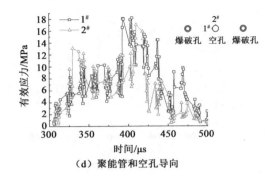

（d）聚能管和空孔导向

图 6-7 （续）

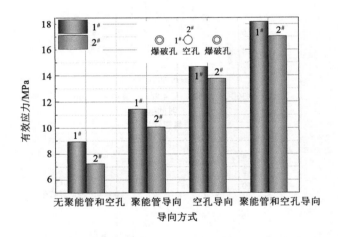

图 6-8 双孔爆破时导向方式对空孔有效应力峰值的影响

（3）空孔导向时，$1^{\#}$ 和 $2^{\#}$ 测点有效应力峰值分别为14.68 MPa 和 13.76 MPa，较单孔爆破增加了 23.15% 和 109.76%。聚能管和空孔导向时，各测点有效应力峰值分别为 18.18 MPa 和 17.02 MPa，较单孔爆破增加了 36.38% 和 116.54%。$2^{\#}$ 测点区域有效应力增加较大,主要是由于双孔爆破时两侧爆破应力波同时斜入射空孔,空孔处斜入射应力波和反射应力波在 2$^{\#}$ 测点区域叠加,使得应力波波幅和波速增强,有效应力增加较大。

(4) 聚能管导向时各测点有效应力峰值分别是无聚能管和空孔时的 1.28 倍和 1.39 倍。聚能管作用下,聚能方向应力波强度增大,因此,较无聚能管时有效应力增大。空孔导向时各测点有效应力峰值分别是无聚能管和空孔时的 1.64 倍和 1.90 倍。左侧爆破孔爆炸应力波入射空孔后,会在空孔两侧自由面发生发射,形成应力集中区。同样,右侧爆破孔爆炸应力波入射空孔后,也会形成应力集中区。双孔爆破在空孔两侧发生应力波的四次叠加,使得应力波强度增大。

(5) 聚能管和空孔导向时各测点有效应力峰值分别是无聚能管和空孔时的 2.04 倍和 2.35 倍。在聚能管和空孔协同作用下,促使空孔处应力波强度和有效应力峰值最大,从而有利于爆炸能量的充分利用,同时减少了炸药的消耗和爆破振动对巷道的影响。

综合以上分析可知,预裂爆破采用聚能管和空孔导向时,聚能管控制了爆破初期爆生气体及爆炸应力波的传播,增强了聚能方向应力波的强度。而空孔在爆炸应力波入射后在两侧自由面发生反射形成应力波的叠加。聚能管和空孔的协同作用使得空孔处有效应力提高了 2.35 倍,增强了炸药利用率,减少了爆破次数,降低了爆破振动对巷道的影响。

## 6.2.2 聚能管和空孔对裂缝扩展的影响

单孔和双孔预裂爆破时,无聚能管和空孔、空孔导向、聚能管导向、聚能管和空孔协同导向四种导向方式裂缝扩展形态如图 6-9所示,导向方式对爆破主裂缝长度的影响如图 6-10 所示。

对于单孔爆破,炸药爆破产生高温高压气体和冲击波,爆生气体和冲击波向周围传播,由于聚能管和空孔的作用,爆生裂缝发育形态及裂缝扩展长度呈现显著差异。由图 6-9(a)可知：

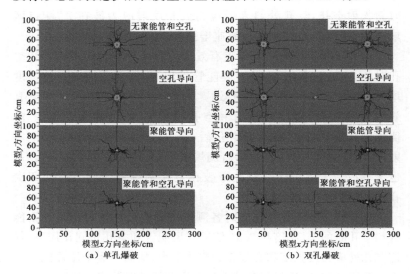

（a）单孔爆破 （b）双孔爆破

图 6-9 爆破裂缝扩展形态对比

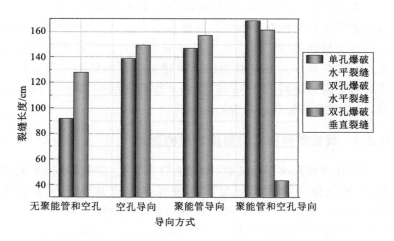

图 6-10 导向方式对爆破主裂缝长度的影响

（1）在高温高压气体和冲击波的作用下，炮孔壁产生很高的压应力，其值远大于岩石的动态抗压强度，导致周围形成粉碎区。无聚能管时，作用在炮孔壁上的压应力较为均匀，粉碎区发育形态近似为圆形，范围约为 2.34 倍装药半径。含聚能管时，压应力首先作用在聚能方向的炮孔壁上，形成压碎性破坏。而在其他方向聚能管对炮孔壁起到一定的保护作用，减小了压应力对炮孔壁的冲击破坏。因此，粉碎区的发育形态近似为椭圆形，长轴范围约为 7.18 倍装药半径，短轴范围约为 2.22 倍装药半径。尽管爆破粉碎区的范围小，但是粉碎区岩石破碎却消耗很大的能量。

（2）粉碎区形成后，由于爆生高压气体和冲击波能量的消耗，冲击波衰减为应力波。在爆生气体和应力波作用下，产生径向的压应力和压缩变形，切向的拉应力和拉伸变形。当切向拉应力强度大于岩石的动态抗拉强度时，岩石发生拉伸破坏形成径向裂缝。由于径向裂缝的形成，应力波传播方向发生偏转，在拉伸应力的作用下形成分支的裂缝。在爆生高压气体准静态拉应力作用下，裂缝进一步扩展，至爆生气体压力减小到一定值后，停止扩展，形成了裂缝密集区。无聚能管时，由于爆生气体和应力波在周围均匀衰减，裂缝密集区的裂缝基本均匀分布，裂缝平均长度约为 43.27 cm。含聚能管时，由于爆破能量在聚能方向聚集，使得裂缝较发育，形成裂缝簇，裂缝簇平均长度约为 24.51 cm。而在垂直聚能方向裂缝发育较少，裂缝平均长度约为 5.69 cm。

（3）在裂缝密集区，其中一条裂缝沿聚能方向扩展，形成水平主裂缝，水平主裂缝形状规则呈现一字形。空孔导向时，应力波入射空孔后发生反射和绕射，在空孔两侧形成拉应力集中区，形成初始裂缝，并在拉应力作用下扩展延伸。当主裂缝形成后，能量得到释放，控制了其余方向裂缝的生成。聚能管导向时，聚能方向应力波强度最大，产生的切向拉应力最大，其中一条裂缝扩展长度最长。无聚能管和空孔时，裂缝长度为 91.91 cm。空孔导向、聚能管导向、聚能管和空孔协同导向时水平主裂缝长度分别为 138.73 cm、146.84 cm、168.85 cm,较无聚能管和空孔时分别增加了 50.94%、59.76%、83.71%,聚能管和空孔协同导向时水平主裂缝扩展长度最长。

双孔爆破时,岩体的损伤破坏及裂缝扩展过程更为复杂。对于双孔爆破,爆破初期粉碎区、裂缝密集区裂缝发育形态、范围和单孔爆破基本相似,然而由于爆炸应力波在中间区域的叠加,中间区域主裂缝发育形态及主裂缝扩展长度具有一定的区别。由图 6-9(b)可知:

(1) 无聚能管和空孔时,两爆破孔外侧区域裂缝发育较多,且分布形态较为均匀,裂缝长度与单孔爆破基本相同。两爆破孔孔间区域的裂缝发育较少,且孔间径向裂缝的扩展方向发生了偏转。两爆破孔同时起爆,爆炸应力波在两炮孔间相遇,抑制了孔间裂缝的扩展,使得裂缝发育较少,扩展方向发生变化。同时,由于切向拉应力的叠加,在两爆破孔间的主裂缝发育长度增加。无聚能管和空孔,两爆破孔间裂缝长度为 127.95 cm。

(2) 空孔导向时,双孔同时起爆爆炸应力波入射空孔后发生反射和绕射,在空孔两侧引起应力波的四次叠加,形成切向拉应力集中区,岩石发生拉伸破坏形成主裂缝。采用空孔导向时,虽然两爆破孔间形成主裂缝,但是在爆破孔外侧侧裂缝发育,且裂缝分布范围较大。现场爆破时,裂隙密集区沿巷道断面分布,对巷道锚固系统产生破坏,使得锚杆锚索锚固力减小,甚至脱锚。同时,裂缝密集区会对巷道顶板岩石完整性造成破坏。裂缝对锚固系统和岩石完整性的破坏会使巷道发生变形,甚至发生冒顶。空孔导向时,两爆破孔间主裂缝长度为 149.40 cm,较无聚能管和空孔时增加了 16.76%。

(3) 聚能管导向时,裂缝主要在聚能方向分布,在聚能方向形成裂缝簇及主裂缝。裂缝簇沿巷道轴向分布,一定程度上有利于工作面回采后顶板垮落。同时减少了裂缝对巷道锚固系统及顶板完整性的影响。两爆破孔间水平主裂缝长度为 157.11 cm,较无聚能管和空孔时增加了 22.79%。

（4）聚能管和空孔协同导向时,聚能管控制着粉碎区和裂缝簇的形成。主裂缝的形成受聚能管和空孔的协同作用。两爆破孔间水平主裂缝长度为 161.55 cm,较无聚能管和空孔时增加了 26.26%。爆炸应力波斜入射空孔时,应力波发生偏转,在水平方向应力波叠加引起拉应力集中,形成垂直裂缝。垂直裂缝长度为 39.79 cm。

综合以上分析可知,聚能管和空孔协同控制爆生主裂隙的扩展方向。聚能管使得裂缝主要沿聚能方向分布,现场爆破时减少了其他方向裂缝对巷道锚固系统及顶板的影响。空孔使得主裂缝进一步扩展延伸,主裂缝的扩展长度增大。

预裂爆破采用聚能管和空孔协同导向时其裂缝扩展过程如图 6-11 所示。由图可知,0～60 μs 时,爆破形成椭圆形粉碎区,聚能管聚能方向粉碎区范围较大。60～180 μs 时,聚能方向主裂缝优先扩展延伸,且扩展速度较快。沿最小抵抗线方向,径向裂缝起裂扩展,形成垂直裂缝。此时,水平主裂缝的长度较垂直裂缝更长,扩展速度更快。180～300 μs 时,聚能方向形成爆生裂缝簇,非聚能方向裂缝分布少,裂缝长度较短,水平方向主裂缝和垂直裂缝继续扩展延伸。可见,聚能管和空孔导向时,0～300 μs 单孔和双孔爆破裂缝扩展基本相同。300～400 μs 后,裂缝簇裂缝继续发育增多,主裂缝开始受空孔的影响,此时,单孔和双孔爆破呈现一定的区别:单孔爆破时,应力波在空孔处衰减较大,裂缝止裂;双孔爆破时,应力波偏转在空孔处形成水平方向的拉应力,产生垂直裂缝。随着应力波继续传播,水平主裂缝贯通。

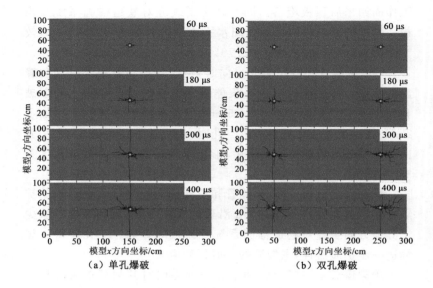

图 6-11　聚能管和空孔协同导向爆破裂缝扩展过程

## 6.3　预裂参数对爆生裂缝扩展的影响规律

　　分析单孔和双孔爆破时不耦合系数、空孔与爆破孔距离、空孔直径对有效应力的影响，以揭示聚能管和空孔协同作用下预裂爆破裂缝的形成、扩展及止裂规律。

### 6.3.1　不耦合系数对爆破裂缝扩展的影响规律

　　选择炸药直径为 35 mm，炮孔直径分别为 40 mm、45 mm、50 mm、55 mm、60 mm 和 65 mm，相应的不耦合系数分别为 1.14、1.29、1.43、1.57、1.71 和 1.86 进行研究，分析监测点压力、有效应力变化规律，研究不耦合系数对聚能管和空孔协同导向预裂爆破裂缝扩展的影响规律。

在聚能孔处设置监测点,研究不耦合系数对聚能孔处爆生气体压力的影响规律。聚能孔处爆生气体压力变化规律如图 6-12所示。图 6-12(a)是聚能孔处爆生气体压力-时间曲线。由图可知,爆生气体压力在很短时间内急剧增大到峰值,随着时间增加气体向外传播,压力逐渐衰减至一定范围内波动。当不耦合系数变化时,压力-时间曲线变化趋势基本相同,但是气体压力峰值差异较大。随着不耦合系数增大,爆生气体压力峰值减小。不耦合系数在 1.14~1.57 范围时,压力峰值减小较快;在 1.57~1.86范围时,压力峰值减小较慢。爆生气体压力峰值的减小是由于爆破孔孔径的增大,爆生气体膨胀空间增大,使得聚能孔处压力减小。当爆破孔的孔径增大到一定程度后,膨胀空间的增大对气体压力的影响减小。图 6-12(b)是不耦合系数为 1.57 时爆生气体压力云图,压力云图分布呈现近似椭圆形。聚能管作用下,爆生气体首先沿聚能方向扩散,因此聚能方向爆生气体压力比非聚能方向压力值大。

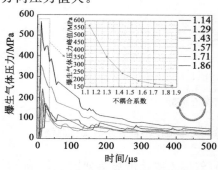

(a)聚能孔处爆生气体压力-时间曲线

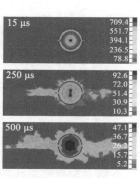

(b)爆生气体压力云图
(不耦合系数为1.57)

图 6-12　聚能孔处爆生气体变化规律

在爆破孔聚能和非聚能方向布置监测点,测点间距 $a$ 为 10 cm,分析不耦合系数变化对爆破孔周围有效应力变化的影响。

不耦合系数对爆破孔测点有效应力峰值的影响如图 6-13 所示。由图可知:① 随着各测点距爆破孔距离的增加,测点有效应力峰值减小。在聚能方向和非聚能方向,$1^{\#}$ 和 $4^{\#}$ 测点有效应力峰值最大。各测点有效应力的减小主要是由于随着爆生气体和应力波向外传播气体压力和应力波强度逐渐衰减造成的。$1^{\#}$ 和 $2^{\#}$ 测点间有效应力衰减值较 $2^{\#}$ 和 $3^{\#}$ 间有效应力衰减值更大。可见,随着测点距爆破孔距离增加,有效应力衰减程度降低。② 聚能方向和非聚能方向各测点有效应力峰值随着不耦合系数的增大而减小。当不耦合系数大于 1.57 后,不耦合系数的增加对有效应力的影响较小,有效应力峰值减小较慢。

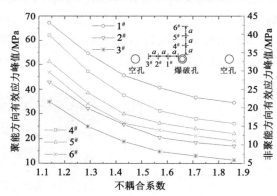

图 6-13  爆破孔测点有效应力峰值随不耦合系数变化曲线

不耦合系数对空孔测点有效应力峰值的影响如图 6-14 所示。由图可知:① 双孔爆破时,由于两爆破孔应力波在空孔处的叠加,使得空孔测点有效应力峰值较单孔爆破时更大。② 随着不耦合系数的增大,空孔测点有效应力峰值呈现先增加后减小的变化趋势。不耦合系数为 1.57 时,有效应力峰值最大。不耦合系数在1.57～1.86 范围时,有效应力峰值减小趋势较慢。当不耦合系数较小时,高压气体和爆轰波作用在岩石上,粉碎区和裂缝区消耗能量大。随着不耦合系数的增大,粉碎区和裂缝区形成消耗的能量减小,作用在岩石上的有效能量增大,使得空孔周围有效应力增加。然而,随着不耦合系数增大,炸药和孔壁间空气范围增大,能量衰减较大,作用在岩石上的压力降低。因此,爆破粉碎区和裂缝区的形成对爆炸能量的消耗和空气间隙对能量的衰减作用使得不耦合系数存在一个合理范围,此范围内爆炸能量得到充分利用,空孔处测点有效应力最大。

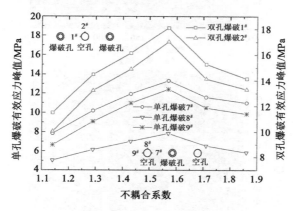

图 6-14    空孔测点有效应力峰值随不耦合系数变化曲线

聚能管和空孔协同导向时,不耦合系数对裂缝扩展形态的影响规律如图 6-15 所示。由图可知:① 随着不耦合系数增大,粉碎区范围和破碎程度减小。椭圆形粉碎区的扁平程度发生变化,椭圆长轴与短轴长度的比值增大,形状变扁。不耦合系数对爆生高压气体和冲击波作用在孔壁上的压力具有显著影响。当不耦合系数较小时,作用在孔壁上的冲击压力大,粉碎区范围大,炸药能

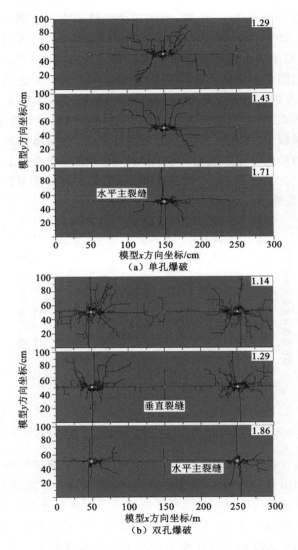

图 6-15　不耦合系数对裂缝扩展形态的影响规律

量的无益消耗多。当不耦合系数较大时,孔壁和炸药间空气间隙大,降低了爆压,减小了粉碎区的破碎程度,提高了能量利用率。② 裂缝密集区域裂缝的发育程度随着不耦合系数的增大而减小,主要体现在裂缝的发育的数目和裂缝的长度减小。不耦合系数较小时,裂缝在聚能方向向两端发育的数目较多,发育长度较长。随着不耦合系数的增大,仅在聚能方向有少量裂缝发育。③ 单孔爆破时主裂缝发育在空孔处停止,此时空孔起到了止裂的效果。双孔爆破时空孔处有垂直裂缝发育,主要是由于双孔爆破中间区域应力波叠加,形成垂直裂缝。不耦合系数影响主裂缝的发育长度,由于爆破粉碎区和裂缝区形成对爆炸能量的消耗和空气间隙对能量的衰减作用,合理的不耦合系数使得主裂缝长度最长。综上,单双孔爆破时粉碎区和裂缝密集区发育程度基本相同,主裂缝均沿聚能方向发育,主裂缝由于应力波的叠加作用长度存在差异。合理的不耦合系数不仅抑制其他方向裂缝的产生,减少次裂缝发育,而且促进了主裂缝的扩展,保证了爆破巷道顶板的完整性和稳定性。

不耦合系数对裂缝长度的影响曲线如图 6-16 所示。由图可知:① 粉碎区范围和裂缝密集区最大裂缝长度随着不耦合系数的增大而减小,不耦合系数大于 1.57 时,爆破孔近区裂缝长度减小趋势变缓。② 单孔爆破主裂缝长度随着不耦合系数的增大呈现先增加后减小的变化趋势,不耦合系数为 1.57 时主裂缝长度最大。③ 双孔爆破时,随着不耦合系数的增大,两爆破孔间主裂缝长度增加。主裂缝长度的增加主要是由于粉碎区范围的减小,使得两爆破孔间主裂缝长度呈现增加的趋势。随着不耦合系数的增大,空孔周围的垂直裂缝长度先增加后减小,不耦合系数为1.57时空孔垂直裂缝长度最大。不耦合系数为 1.57 时,双孔爆破时粉碎区和裂缝区形成对能量的消耗和空气间隙对能量的衰减消耗,总能量消耗最小,空孔处的应力波叠加强度最大,垂直裂缝长度最长。

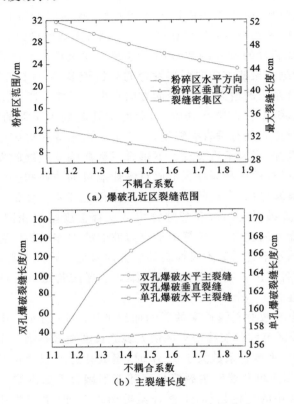

（a）爆破孔近区裂缝范围

（b）主裂缝长度

图 6-16　不耦合系数对裂缝长度的影响曲线

　　综合以上分析可知，随着不耦合系数增加，爆破孔周围测点爆生气体压力峰值和有效应力峰值减小趋势变缓，空孔周围测点有效应力峰值和单孔爆破主裂缝长度呈现先增加后减小的变化趋势。不耦合系数为 1.57 时，粉碎区裂缝区形成对能量的消耗和空气间隙对能量的衰减消耗总能量消耗最小，促进了主裂缝的扩展,保证了爆破巷道顶板岩石的完整性和稳定性。

## 6.3.2 空孔与爆破孔距离对爆破裂缝扩展的影响

距爆破孔不同距离时空孔处应力集中程度差异较大,影响着主裂缝的发育长度。因此,选择空孔与爆破孔距离为 50 cm、75 cm、100 cm、125 cm、150 cm 和 175 cm 进行研究,分析空孔周围测点压力峰值和有效应力峰值变化规律,研究空孔与爆破孔距离对聚能管空孔协同导向爆破裂缝扩展的影响规律。

空孔与爆破孔距离对监测点压力峰值、有效应力峰值的影响分别如图 6-17 和图 6-18 所示。由两图可知,随着空孔与爆破孔距离的增加,相应位置各测点的压力峰值和有效应力峰值减小。炸药爆破后,爆生气体和应力波在向周围传播过程中发生能量衰减,距爆破孔距离越远,气体压力和应力波衰减强度越大,当应力波入射空孔后反射形成的拉应力集中强度越小。因此,空孔的应力集中效应随着空孔与爆破孔距离的增加而减小,空孔周围的压力峰值和有效应力峰值减小。单孔爆破时空孔与爆破孔距离大

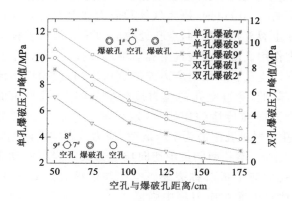

图 6-17　压力峰值随空孔与爆破孔距离变化

于 100 cm 后、双孔爆破时空孔与爆破孔距离大于 150 cm 后,其周围的压力峰值和有效应力峰值减小趋势变缓。

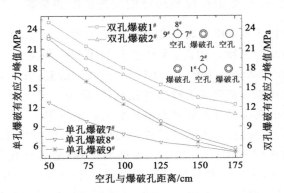

图 6-18　有效应力峰值随空孔与爆破孔距离变化

　　空孔与爆破孔距离对裂缝扩展形态的影响如图 6-19 所示。由图 6-19(a)可知:① 单孔爆破时,随着空孔与爆破孔距离的变化,在空孔处主裂缝扩展形态由双侧裂缝变为单侧裂缝。② 空孔与爆破孔距离为 50 cm 时,爆生气体和应力波引起的切向拉应力强度足以使主裂缝扩展延伸,空孔处拉应力集中没有发挥对裂缝扩展的促进作用。应力波绕过空孔后继续传播,从而在空孔处形成双侧裂缝。空孔自由面对应力波的反射作用,使得应力波向前传播的强度降低,穿过空孔的应力波能量减小,空孔自由面起到了阻碍应力波向前传播的作用,一定程度上抑制了主裂缝的扩展。③ 空孔与爆破孔距离为 75 cm 时,应力波在空孔两侧附近形成拉应力集中区,空孔两侧集中切向拉应力大于岩石的动态抗拉强度,在空孔两侧形成对称裂缝。空孔与爆破孔距离为 100 cm 时,空孔外侧自由面拉应力集中强度小于岩石的动态抗拉强度,裂缝停止扩展,空孔周围形成单侧裂缝。此时,主裂缝长度最长,炸药爆破能量利用率最高,聚能管和空孔充分发挥了导向作用。

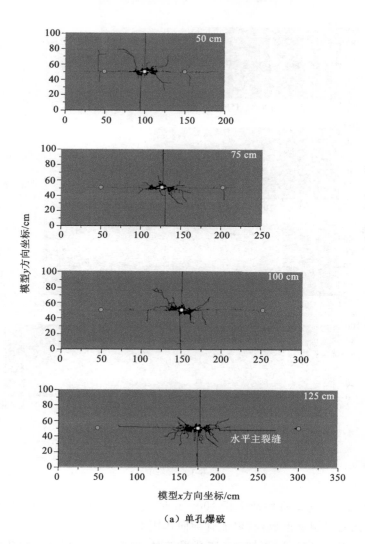

（a）单孔爆破

图 6-19　空孔与爆破孔距离对裂缝扩展形态的影响

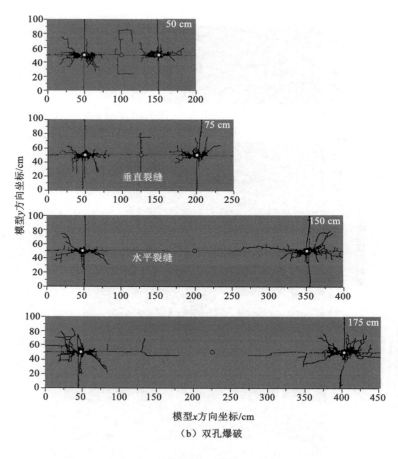

（b）双孔爆破

图 6-19 （续）

④ 空孔与爆破孔距离大于 100 cm 时，空孔应力集中程度减弱，在空孔处无裂缝形成，在聚能管导向作用下主裂缝形成并扩展。

由图 6-19（b）可知：① 双孔爆破时，随着空孔与爆破孔距离的增加，中间空孔周围由主裂缝、垂直方向裂缝四条裂缝发育变为空孔两侧对称裂缝发育。② 空孔与爆破孔距离为 50 cm、75 cm 时,应力波在空孔处发生斜反射,传播方向改变,在空孔附近垂直方向形成水平的拉应力。空孔附近区域水平和垂直方向由于应力波的叠加发生拉应力集中,形成主裂缝和垂直方向裂缝。③ 空孔与爆破孔距离为 150 cm 时,空孔区域垂直方向拉应力小于岩石的动态抗拉强度,垂直方向裂缝止裂,空孔周围仅形成两侧对称的裂缝。④ 空孔与爆破孔距离为 175 cm 时,主裂缝扩展发生偏离,空孔两侧难以形成贯通裂缝。

空孔与爆破孔距离对裂缝扩展长度的影响曲线如图 6-20 所示。由图可知:① 随着空孔与爆破孔距离的增加,单孔爆破主裂缝长度和双孔爆破水平主裂缝的长度呈现先增大到峰值后减小的变化趋势。空孔与爆破孔距离分别为 100 cm 和 150 cm 时,单孔和双孔爆破主裂缝长度最大。空孔与爆破孔距离较近时,空孔自由面反射应力波,使得向前传播的应力波强度衰减,减少了应力波的能量,导致主裂缝的扩展长度小。随着空孔与爆破孔距离的增加,空孔两侧附近拉应力集中促进主裂缝的形成与扩展。当距爆破孔距离增大到一定程度后,空孔应力集中强度小于岩石的动态抗拉强度,仅聚能管发挥导向作用,主裂缝长度减小。因此,

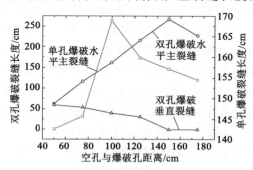

图 6-20　空孔与爆破孔距离对裂缝扩展长度的影响曲线

存在合理的空孔距爆破孔距离,使得空孔能够充分发挥应力集中效应。② 双孔爆破空孔处垂直裂缝长度随着空孔与爆破孔距离的增加而减小。空孔与爆破孔距离大于 150 cm 时,空孔周围无垂直裂缝产生。空孔与爆破孔距离增加时,空孔应力集中强度减小,使得垂直裂缝长度减小直至无裂缝产生。

综合以上分析可知,当空孔与爆破孔距离较近时,空孔自由面反射应力波使得能量降低,空孔起到止裂的作用;当空孔与爆破孔距离合理时,促进主裂缝的扩展贯通。由于聚能管在聚能方向对爆破能量的聚集和空孔导向作用使得主裂缝扩展长度增大。合理的空孔与爆破孔距离能够减小能量的浪费,提高爆破施工的效率。空孔与爆破孔距离分别为 100 cm 和 150 cm 时,单孔和双孔爆破主裂缝长度最大,能量利用率最高。

### 6.3.3  空孔直径对爆破裂缝扩展的影响规律

空孔为应力波反射提供了自由面,空孔直径增大时,反射自由面增大。选择空孔直径为 35 mm、45 mm、55 mm、65 mm、75 mm 和 85 mm 进行分析,研究空孔直径对应力和有效压力的影响,揭示空孔直径对裂缝扩展的影响规律。

空孔直径对监测点压力峰值和有效应力峰值的影响分别如图 6-21 和图 6-22 所示。由两图可知:① 单孔爆破时,$7^\#$ 测点压力峰值和有效应力峰值随着空孔直径的增大而增大,$8^\#$、$9^\#$ 测点压力峰值和有效应力峰值随着空孔直径的增大而减小。应力波入射空孔后,部分应力波发生反射,另一部分应力波继续传播。当空孔直径增大时,反射自由面增大,使得反射应力波的强度增大,应力波入射区域即 $7^\#$ 测点区域压力峰值和有效应力峰值增大。继续向前传播的应力波强度减小,$8^\#$ 和 $9^\#$ 区域压力峰值和有效应力峰值减小。② 双孔爆破时,$1^\#$ 测点压力峰值和有效应力峰值随着空孔直径的增大而增大,$2^\#$ 测点压力峰值和有效应力峰值随着空孔直径的增大而减小。随着空孔两侧自由面增大,反射应力波强度增大,使得空孔 1# 测点区域应力波叠加强度增大,2# 测点区域叠加强度减小。

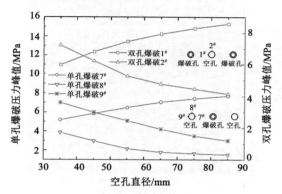

图 6-21　压力峰值随空孔直径变化规律

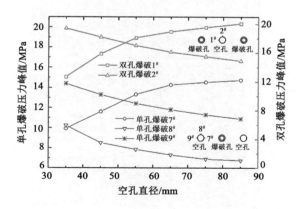

图 6-22　有效应力峰值随空孔直径变化规律

　　空孔直径对裂缝扩展形态和裂缝长度的影响规律分别如图 6-23 和图 6-24 所示。由两图可知:① 随着空孔直径的增大,单

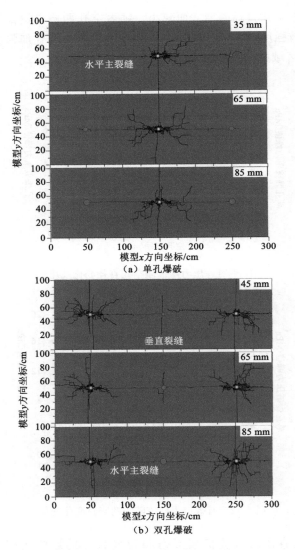

图 6-23　空孔直径对裂缝扩展形态的影响

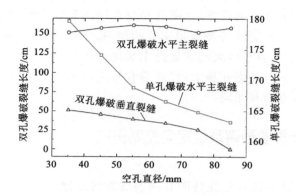

图 6-24　空孔直径对裂缝长度的影响曲线

孔爆破空孔周围由两侧对称裂缝发育变为单侧裂缝发育,双孔爆破空孔周围由四条对称裂缝发育变为双侧对称裂缝发育。② 单孔爆破时,主裂缝长度随着空孔直径的增大而减小。双孔爆破时,在两爆破孔间主裂缝贯通,主裂缝长度几乎不变,空孔直径的变化对两爆破孔间主裂缝的长度无影响;空孔周围垂直裂缝的长度随着空孔直径的增大而减小。③ 单孔爆破时,当空孔直径较小时,空孔两侧应力集中区拉应力强度大于岩石的动态抗拉强度,导致形成双侧裂缝,同时主裂缝长度较大。随着空孔直径增大,空孔的自由面增加,反射增强。在空孔一侧拉应力强度大于岩石的动态抗拉强度,而另一侧拉应力强度小于岩石的动态抗拉强度,空孔周围形成单侧裂缝,此后主裂缝长度几乎不变。④ 双孔爆破时,在空孔水平和垂直区域形成应力集中区,应力集中区拉应力强度大于岩石的动态抗拉强度从而在空孔水平和垂直方向形成对称的四条裂缝。随着空孔直径增大,垂直方向区域拉应力强度小于岩石的动态抗拉强度,导致仅在空孔水平方向形成贯通的双侧对称裂缝。

综合以上分析,空孔直径增大时,空孔自由面效应增大。当空孔与爆破孔距离较近,爆破孔和空孔间主裂缝能够贯通时,空孔直径增大对裂缝传播起到止裂的作用。当空孔与爆破孔距离较远时,空孔直径增大能够促进主裂缝的扩展,增大主裂缝的扩展长度。为方便炮孔施工,提高炮孔钻进效率,一般选择空孔直径和爆破孔直径相同。

# 6.4 非贯通预裂裂缝定向控制研究

## 6.4.1 聚能管和空孔协同导向裂缝发育规律

预裂爆破聚能管和空孔协同控制爆生主裂隙的扩展方向,聚能管使得裂缝主要沿聚能方向分布,空孔使得主裂缝进一步扩展延伸,主裂缝的扩展长度增大。聚能管和空孔协同导向爆破裂缝发育示意图如图 6-25 所示。爆破后在高压爆生气体和应力波的作用下,岩体形成粉碎区、裂缝密集区和主裂缝区。

由图 6-25(a)可知:

(1)高温高压气体和冲击波产生高压应力,压应力大于岩石的动态抗压强度,形成粉碎区。压应力首先作用在聚能方向炮孔壁上,垂直聚能方向炮孔壁由于聚能管保护作用,减小了粉碎性破坏的范围。因此,粉碎区发育形态近似为椭圆形。

(2)爆生气体和冲击波产生径向压应力和切向拉应力。当切向拉应力强度大于岩石的动态抗拉强度时,岩石发生拉伸破坏形成径向裂缝。在爆生高压气体准静态拉应力作用下,裂缝进一步扩展,形成了裂缝密集区。裂缝密集区在聚能方向发育数量多,裂缝长度长。

(3)聚能方向裂缝簇中,一条裂缝水平定向扩展,形成一字形主裂缝。非聚能方向,沿最小抵抗线径向裂缝起裂扩展,形成垂直裂缝。应力波入射空孔后发生反射和绕射,在空孔两侧引起拉

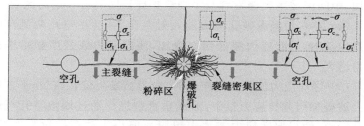

（a）单孔爆破裂缝发育示意图

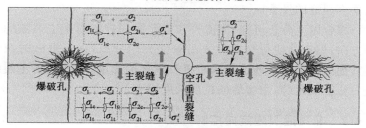

（b）双孔爆破裂缝发育示意图

图 6-25　聚能管和空孔协同导向爆破裂缝发育示意图

应力集中，形成初始裂缝，初始裂缝在拉应力作用下扩展延伸并与主裂缝贯通。主裂缝穿过空孔继续传播，在空孔周围形成双侧对称的裂缝。通过调整空孔与爆破孔的距离，主裂缝在空孔处停止发育，形成单侧裂缝，此时空孔起到了止裂的效果。

（4）合理的不耦合系数不仅抑制非聚能方向裂缝的产生，减少无益裂缝发育，而且促进了主裂缝的扩展。合理的空孔与爆破孔距离，在空孔两侧引起的集中拉应力大小恰好使得岩石发生破断与主裂缝贯通。空孔直径影响应力集中的程度，空孔两侧自由面大时其反射应力波强度增强，可以促进空孔周围裂缝的形成。

由图 6-25（b）可知：

（1）双孔爆破，爆破初期粉碎区和裂缝密集区裂缝发育形态及范围和单孔爆破基本相似，然而由于爆炸应力波在中间区域的叠加,中间区域主裂缝发育及主裂缝扩展长度具有一定的区别。

（2）左右两侧爆破孔应力波入射空孔后,会在空孔两侧自由面发生反射,引起应力波的四次叠加,使得应力波强度和集中拉应力增大。

（3）爆炸应力波斜入射空孔时,应力波发生偏转,在水平方向应力波叠加引起拉应力集中,形成垂直裂缝。通过调整空孔与爆破孔距离,使得偏转应力波集中拉应力值小于动态抗拉强度,阻止垂直裂缝的发育。

综合以上分析可知,聚能管和空孔协同控制爆生主裂隙的扩展方向:聚能管使得裂缝主要沿聚能方向分布,现场爆破时减少了其他方向裂缝对巷道锚固系统及顶板的影响;空孔使得主裂缝进一步扩展延伸,主裂缝的扩展长度增大。

### 6.4.2　非贯通裂缝定向控制方法

在聚能管和空孔协同导向定向预裂爆破中,裂缝的定向扩展控制效果更好,裂缝扩展长度增加。通过合理布置空孔的位置能够有效控制裂缝的扩展,提出了非贯通裂缝产生、扩展和止裂协同控制方法。

钻孔布置及非贯通裂缝形成示意图如图6-26所示。导向孔布置在两个爆破孔中间,止裂孔布置在裂隙贯通区与非贯通区交界处。通过改变止裂孔间爆破孔的数目实现对裂缝区长度的控制,通过改变两个相邻止裂孔的间距来控制非贯通区裂缝长度。止裂孔一方面可以起到导向作用,另一方面可以阻断应力波传播路径,减弱应力波的大小,阻止裂缝扩展延伸,起到了止裂的效果。

导向孔和止裂孔可以同时作为观测孔使用,对顶板定向预裂效果进行跟踪观测,实现一孔多用,达到对非贯通定向裂隙的控制及监测。在导向孔两侧形成对称裂缝,止裂孔形成单侧裂缝。

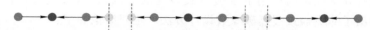

（a）钻孔布置示意图

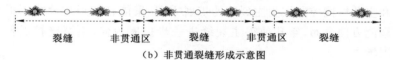

（b）非贯通裂缝形成示意图

图 6-26　钻孔布置及非贯通裂缝形成示意图

预裂爆破非贯通裂缝定向扩展控制的条件是：

（1）合理确定爆破孔不耦合系数。当不耦合系数较小时，粉碎区范围大，爆破孔周围次裂缝发育较多，主裂缝的长度较短。当不耦合系数较大时，粉碎区范围较小，主裂缝扩展方向难以控制。因此，只有选择合理的不耦合系数，在聚能管作用下，主裂缝才能实现定向控制，且爆破能量才能被充分利用。

（2）合理选择爆破孔与空孔的间距。当爆破孔和空孔的间距较大时，在爆破孔和空孔间不能形成贯通的裂缝，空孔无导向作用；当爆破孔和空孔的间距较小时，孔间裂缝发育，次裂缝较多。合理的爆破孔和空孔的间距能够充分利用爆炸能量，充分发挥空孔的应力集中效应，导致主裂缝扩展长度更长。

（3）根据基本顶的层位、岩性确定装药量、装药长度和封孔长度等其他爆破参数。

# 6.5　本章小结

本章通过 LS-DYNA 动力学数值计算，研究了聚能管和空孔在定向预裂爆破中的协同导向作用，分析了不耦合系数、空孔与爆破孔距离、空孔直径对有效应力和裂缝扩展的影响，揭示了聚能管和空孔协同作用下预裂爆破裂缝的形成、扩展及止裂规律，提出了非贯通预裂爆破参数设计方法。主要结论如下：

（1）聚能管和空孔的协同导向作用使得单孔爆破时空孔处有效应力提高了 2.35 倍，水平主裂缝长度增加了 83.71%。聚能管和空孔协同控制爆生主裂隙的扩展方向，聚能管使得裂缝主要沿聚能方向分布，空孔使得主裂缝进一步扩展延伸，主裂缝扩展长度增大。

（2）随着不耦合系数的增加，爆破孔周围爆生气体压力峰值和有效应力峰值减小，空孔周围有效应力峰值呈现先增加后减小的变化趋势。爆破孔周围粉碎区范围和裂缝密集区最大裂缝长度随着不耦合系数的增大而减小。单孔爆破主裂缝长度随着不耦合系数的增大呈现先增加后减小的变化趋势，不耦合系数为1.57时主裂缝长度最大。

（3）随着空孔与爆破孔距离的增加，空孔测点压力峰值和有效应力峰值减小，主裂缝长度呈现先增大后减小的变化趋势。单孔爆破时在空孔处主裂缝发育由双侧裂缝变为单侧裂缝，双孔爆破时空孔周围由四条对称裂缝发育变为两侧对称裂缝发育。空孔与爆破孔距离为 100 cm 和 150 cm 时，单孔和双孔爆破主裂缝长度最大。

（4）随着空孔直径的增大，单孔爆破主裂缝长度减小，空孔周围由两侧对称裂缝发育变为单侧裂缝发育，双孔爆破空孔周围由四条对称裂缝发育变为双侧对称裂缝。为方便炮孔施工，确定空孔直径和爆破孔直径相同。

（5）提出了非贯通裂缝定向控制方法，导向孔布置在两个爆破孔中间，止裂孔布置在裂隙贯通区与非贯通区交界处。通过改变止裂孔间爆破孔的数目来实现对裂缝区长度的控制，通过改变两个相邻止裂孔的间距来控制非贯通区岩体长度。

# 7 小煤柱巷道稳定性控制现场试验

为了验证研究成果的正确性和可靠性,本章基于理论分析、数值计算和相似试验研究成果,结合试验矿井地质条件,提出小煤柱巷道顶板非贯通预裂卸压围岩稳定性控制方案,并进行现场试验。通过试验方案实施和现场相关数据的监测,对小煤柱巷道围岩稳定性控制效果进行综合评价。

## 7.1 工程概况及小煤柱巷道变形特征

### 7.1.1 工程概况

王庄煤矿 6208 工作面和 6212 工作面为相邻的回采工作面,由于采掘接替的影响,两工作面都已准备完毕,首先回采 6212 工作面。当 6212 工作面回采完毕后,6208 工作面为孤岛面。两工作面间 6208 风巷和 6212 风巷的护巷小煤柱的宽度为 5 m,小煤柱承受两侧巷道掘进和工作面回采的多次动压影响,两工作面的位置关系如图 7-1 所示。

6208 工作面和 6212 工作面回采 3 号煤,煤层埋深为 320 m,煤层厚度稳定,煤厚平均为 6.9 m,煤层整体呈东北向西南倾斜的单斜构造,图 7-2 所示为煤岩层综合柱状图。

6208 风巷和 6212 风巷断面形状为 4.5 m×3.2 m 矩形,采用锚网索联合支护,巷道具体支护方案如图 7-3 所示。

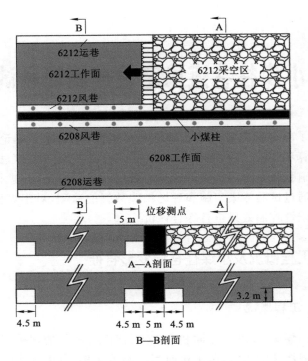

图 7-1   工作面位置关系图

## 7.1.2   工作面回采小煤柱巷道变形特征

（1）6212 风巷和 6208 风巷变形分析

当 6212 工作面回采时，6212 风巷和 6208 风巷变形量对于工作面安全高效回采具有重要的意义。因此，在 6212 风巷和 6208 风巷中每隔 5 m 设置一个位移观测点（见图 7-1），监测 6212 风巷和 6208 风巷巷的道变形。现场巷道变形观测曲线及断面素描图如图 7-4 所示。

| 岩层柱状 | 层厚/m | 岩性 | 顶底 | 岩性描述 |
|---|---|---|---|---|
| 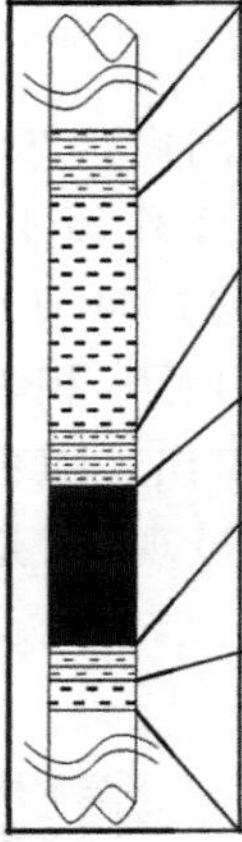 | 2.80 | 泥岩 | 上覆岩层 | 黑色，均质，块状 |
| | 10.35 | 细粒砂岩 | 基本顶 | 灰白色，块状，长石石英为主，钙质胶结，层面黑色，含白云母 |
| | 2.35 | 砂质泥岩 | 直接顶 | 黑色，块状，质较硬，断口不平坦，含植物化石 |
| | 6.90 | 3号煤 | 煤 | 黑色，金属光泽 |
| | 1.55 | 泥岩 | 直接底 | 黑色，块状，质较硬，断口不平坦 |
| | 1.25 | 细粒砂岩 | 基本底 | 灰白色，中厚层状，长石石英为主，分选性磨圆度中等，钙质胶结 |

图 7-2　煤岩层综合柱状图

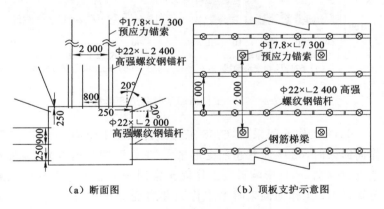

（a）断面图　　　　（b）顶板支护示意图

图 7-3　巷道支护方案

由图 7-4(a)可知，受超前支承压力的影响，位移监测点距工作面距离由 40 m 减小为 0 m 时，6212 风巷顶底板和两帮移近量分别增加了 112 mm 和 158 mm。监测点在距工作面 0～20 m 范围内受超前支承压力影响显著,在距工作面 20～40 m 范围内受超前支承压力影响小。

由图 7-4(b)可知,超前 6212 工作面 40 m 范围内,6208 风巷变形量小,受 6212 工作面回采影响小;滞后 6212 工作面 40 m 范围内,6208 风巷变形量急剧增大,顶底板和两帮移近量分别增加到 1 133 mm 和 1 393 mm。在侧向支承压力的影响下,相邻 6208 风巷变形量大,顶板下沉,底板鼓起,帮部向巷内挤出。随着 6212 工作面回采,受动压影响沿空小煤柱变形剧烈显现,巷道维护困难。

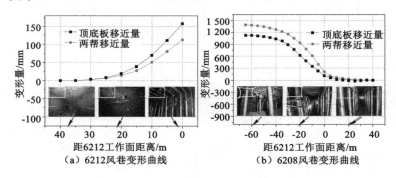

图 7-4  6212 工作面回采时巷道变形特征

6212 工作面回采后,6208 工作面为孤岛工作面。当 6208 工作面回采时,6208 风巷超前变形量大,工作面端头压力大,端头支架难以移动,严重影响孤岛工作面正常回采。通过巷道变形观测可知,6212 工作面回采时本工作面巷道变形量小,回采后相邻工作面巷道变形量大,小煤柱帮变形严重。对于小煤柱护巷工作面,由于两工作面同时准备,工作面回采后,使得相邻工作面巷道和端头区域变形严重,相邻工作面安全、高效回采难以保证。

（2）小煤柱巷道顶板岩层裂隙发育特征

6212 工作面回采期间，超前 6212 工作面 5 m 处在 6212 风巷顶板打窥视钻孔，滞后 6212 工作面 40 m 处在 6208 风巷顶板打窥视钻孔，采用钻孔窥视仪对巷道顶板裂隙发育、离层等进行观测，顶板钻孔窥视图像如图 7-5 和图 7-6 所示。由图可见：

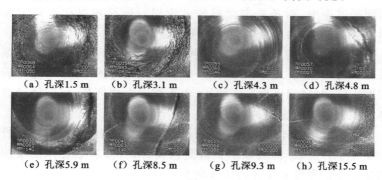

| （a）孔深1.5 m | （b）孔深3.1 m | （c）孔深4.3 m | （d）孔深4.8 m |
| （e）孔深5.9 m | （f）孔深8.5 m | （g）孔深9.3 m | （h）孔深15.5 m |

图 7-5　6212 风巷顶板钻孔窥视图像

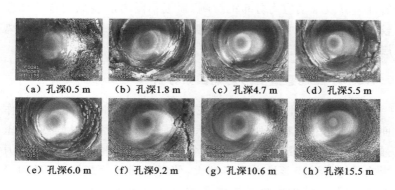

| （a）孔深0.5 m | （b）孔深1.8 m | （c）孔深4.7 m | （d）孔深5.5 m |
| （e）孔深6.0 m | （f）孔深9.2 m | （g）孔深10.6 m | （h）孔深15.5 m |

图 7-6　6208 风巷顶板钻孔窥视图像

① 0～3.7 m 范围内顶板岩性为煤，裂隙多沿顶板竖向发育，局部破碎，说明两条巷道顶板煤在回采动压的影响下局部发生

破坏。

② 3.7～6.05 m 范围内顶板岩性为砂质泥岩,此范围内裂隙沿顶板横向发育,岩层破碎。6212 风巷顶板在孔深 4.3 m、4.8 m、5.9 m 处有沿顶板横向发育的裂隙,6208 风巷顶板在孔深 4.7 m 和 5.5 m 处有横向发育的裂隙,顶板发生离层现象,说明在工作面回采过程中,两条巷道顶板的砂质泥岩层呈现层状不均匀变形,此范围内的巷道顶板局部出现离层。

③ 6208 风巷顶板砂质泥岩和细砂岩交界面,岩层破碎,裂隙发育。说明 6212 工作面回采后 6208 风巷顶板侧向回转使得岩层发生错动,层间界面发生破坏,由于细砂岩强度高,层间错动破坏发生在砂质泥岩层。

④ 6.05～16.4 m 范围内顶板岩性为细砂岩,此范围内顶板岩层完整性好,局部裂隙沿顶板竖向发育,且随着钻孔深度增加顶板裂隙的宽度和延伸的长度减小。

由以上分析可得,随着顶板窥视钻孔深度的增加,由于顶板岩性差异及采动应力分布的影响,顶板不同岩层裂隙发育差异性较大。煤和砂质泥岩层整体裂隙发育,砂质泥岩层局部发生离层,基本顶细砂岩完整性好。

### 7.1.3 小煤柱巷道变形影响因素分析

相邻工作面两条回采巷道采用小煤柱护巷时,其中一个工作面回采后相邻面巷道所受压力大,顶底板和两帮变形剧烈,矿压强烈显现,巷道难以维护。当相邻工作面回采时,超前支承压力影响区域巷道变形量进一步加大,使得巷道风速超限,人员和设备进出困难,清理底板及加强支护等巷道维护工作量大,严重影响相邻工作面的安全高效回采。小煤柱护巷工作面回采后顶板垮落结构示意图如图 7-7 所示。

工作面回采后,相邻小煤柱巷道变形主要受基本顶性质、顶

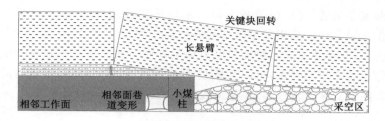

图 7-7  工作面回采后顶板结构示意图

板结构、巷道支护形式、小煤柱完整性等的影响。当巷道基本顶为厚硬顶板时，工作面回采后，基本顶难以破断垮落，顶板附加载荷大，巷道围岩受力增加。综放工作面煤层厚度大，工作面回采后冒落的直接顶无法充满采空区，在采空区形成悬臂梁结构。当悬臂梁破断发生侧向回转时，关键岩块行程大，下沉时间长，对巷道围岩结构挤压破坏大，巷道变形持续时间长，造成相邻面小煤柱巷道顶板结构失稳。由于原基本支护不合理，并且工作面回采时，加强支护强度低，支护时间滞后，使得相邻面巷道发生严重的变形。小煤柱承受两侧巷道掘进以及工作面回采四次扰动的影响，小煤柱裂隙发育，完整性差，煤柱帮变形剧烈。

6212 风巷和 6208 风巷基本顶岩性为细砂岩，厚度为 10.35 m。岩性测试表明，基本顶抗压强度达到 98.31 MPa，基本顶强度大，难破断，导致采空侧顶板悬露长度大。同时，直接顶厚度为 2.35 m 的砂质泥岩，6212 工作面回采后垮落的直接顶难以充满采空区支承上覆岩层。基本顶长悬臂梁旋转下沉行程大、持续时间长，使得 6208 风巷发生大变形，严重影响工作面正常回采。

由以上分析可知，工作面回采后基本顶长悬臂梁结构以及顶板关键岩块的回转下沉是导致小煤柱巷道大变形的主要因素。为优化采空侧顶板结构，采用预裂爆破的方法在顶板超前工作面形成非贯通裂隙,切断基本顶与采空区顶板之间的联系,降低工作面回采动压对相邻小煤柱巷道稳定性的影响,使得峰值向深部转移,减小巷道应力叠加和应力集中程度。通过在顶板预制间隔分布的非贯通裂隙,可以阻断应力横向传递路径,同时使应力峰值向围岩深部转移,减小巷道浅部围岩的压力及弹性能积聚。

## 7.2 小煤柱巷道围岩稳定性控制技术方案

随着工作面回采,采空侧基本顶侧向回转,基本顶回转行程大、持续时间长,使得沿空小煤柱巷道变形剧烈,稳定性控制困难。小煤柱巷道锚网索联合支护难以抵抗基本顶弧形三角块侧向回转带来的大变形,通过改变回采工作面基本顶板破断结构,可以有效控制沿空小煤柱巷道的变形。因此,提出小煤柱巷道加强支护-非贯通预裂卸压协同控制方案。

### 7.2.1 顶板超前深孔非贯通定向预裂卸压技术

传统的爆破切顶技术在超前工作面端头顶板预制连续的贯通切缝,应用于高应力小煤柱巷道顶板结构控制时造成了严重的端头围岩变形,给工作面的安全高效生产带来了巨大压力,并且,跟进工作面打孔爆破的施工方法造成了切顶工序复杂、影响工作面推进、设备转移困难等问题。基于此,提出了小煤柱巷道顶板超前深孔非贯通定向预裂卸压技术。如图 7-8 所示,在回采工作面巷道顶板小煤柱侧一次性连续打钻成孔、跟进工作面预裂爆破,沿巷道轴向超前预制定长非贯通裂缝,随采空区顶板回转裂缝相互贯通,完成切顶。这种方式实现了小煤柱巷道顶板超前预裂和来压切顶的时空分离,提高了施工效率,防止塌孔,增加了巷道安全性,保证了端头的维护效果。

超前深孔非贯通定向预裂卸压技术的优势主要体现在以下

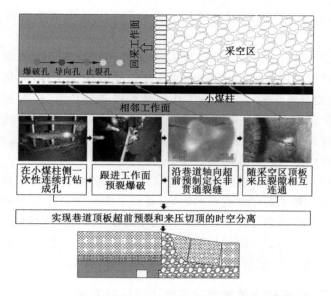

图 7-8　超前深孔非贯通定向预裂卸压技术原理图

几个方面：

（1）爆破孔的深度需要满足顶板预裂高度的要求，同时要考虑降低预裂爆破对现有锚杆（索）支护稳定性的影响，防止锚杆（索）脱锚。采用深孔预裂爆破可以保证顶板预裂的效果，避免对巷道支护系统的破坏。

（2）小煤柱巷道顶板形成贯通裂缝时，超前顶板失去一定高度约束，回采巷道超前压力增加大，需加强超前支护。在工作面端头区域，工作面端头液压支护应有足够大的支撑力，保证端头采场支护安全。在工作面前方预制非贯通裂隙，使得超前工作面巷道顶板保持稳定，减小了超前巷道的压力。同时，端头顶板具有一定的连续性和自稳能力，有利于维护端头围岩的稳定性。可见，非贯通裂隙有利于回采工作面端头和巷道超前支护段的维护,可防止工作面回采巷道超前支护段的变形及端头支架压力过大。

（3）超前工作面合理距离实施爆破,可以在保证端头围岩稳定性的同时避免塌孔,为一次性连续打孔提供了条件,简化施工工艺,提高施工效率。超前工作面装药爆破的位置,应在超前加强支护范围内,同时在工作面超前支承压力峰值范围外,此时既可以保证端头围岩的控制效果,又可以避免一次性连续成孔、跟进工作面爆破的塌孔问题。

（4）采用非贯通预裂,生成裂缝的总长度减小,减少了炸药的消耗量和爆破振动对巷道的影响,提高了炸药的利用率和巷道稳定性。工作面后方顶板在回转作用下预制非贯通裂隙相互贯通,完成切顶,实现了预裂、切顶的时空分离。同时,采空区覆岩垮落压实时间减少,缩短了工作面回采接续等待时间。

## 7.2.2　小煤柱巷道围岩稳定性协同控制方案

根据工作面回采后采空区垮落及相邻工作面巷道矿压显现特征,提出了小煤柱巷道加强支护-非贯通预裂卸压协同控制方案。如图 7-9 所示,主要包括提高小煤柱强度、抵抗沿空巷道变形、改变顶板结构三方面。

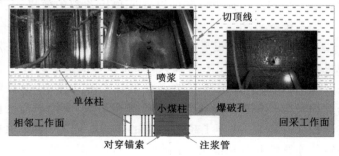

图 7-9　小煤柱巷道围岩稳定性控制方法

（1）提高小煤柱强度

通过提高小煤柱的强度，一方面能增强小煤柱抵抗变形的能力，另一方面能抑制基本顶的回转。在工作面回采前，提前采用小煤柱注浆加固的方式或在小煤柱上打对穿锚索的方式，来达到提高小煤柱强度的目的。

（2）沿空巷道单体柱加强支护

为提高巷内支护强度，减小巷内变形，工作面回采前，在相邻工作面巷道提前采用液压单体支柱加强支护，在小煤柱侧增加单体柱的支护密度。

（3）非贯通预裂改变顶板结构

通过超前深孔非贯通定向预裂卸压的方法，使基本顶断裂线向煤壁侧移动，改变顶板断裂线的位置，一方面能缩短悬臂梁的长度，减小基本顶的附加载荷，降低小煤柱上的载荷；另一方面，使得顶板垮落充分，提高采空区的充填度，增强采空区矸石对顶板的支撑，减少关键块的回转与下沉，缩短顶板稳定周期，为沿空巷道提供稳定的应力环境。

### 7.2.3 关键工艺参数设计

针对王庄煤矿工程地质条件，设计了 6212 风巷顶板超前深孔非贯通定向预裂技术方案，如图 7-10 所示为技术方案示意图。在 6212 风巷顶板实施深孔非贯通定向预裂卸压技术，使得顶板形成非贯通裂缝，随着 6212 工作面回采，顶板非贯通裂缝互相贯通，切断 6208 风巷顶板与 6212 工作面顶板的联系。6212 工作面回采后，基本顶的悬露长度减小，优化小煤柱和 6208 风巷围岩应力环境，能够起到保护 6208 风巷的目的。

深孔非贯通定向预裂爆破聚能管选用 PVC 管，在 PVC 管两侧对穿打孔，如图 7-11 所示。PVC 聚能管内径为 46 mm，外径为 50 mm，壁厚为 2 mm。图 7-11（a）所示为 PVC 聚能管对穿打孔

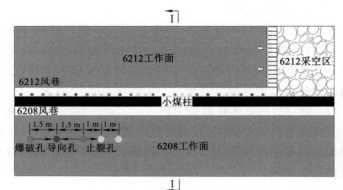

（a）钻孔间距示意图

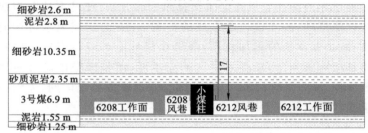

（b）Ⅰ—Ⅰ剖面图

图 7-10　6212 风巷顶板超前深孔非贯通定向预裂方案示意图

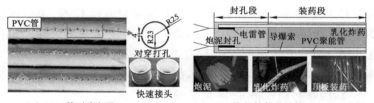

（a）PVC管对穿打孔　　　（b）PVC聚能管装药结构及现场装药图

图 7-11　PVC 聚能管及装药结构

图,对穿孔孔径为 4 mm,孔间距为 8 mm。为方便顶板装药和运输,聚能管长为 2.5 m,采用快速接头连接。在顶板装药时,PVC聚能管打孔方向沿巷道轴向,保证沿巷道轴向形成非贯通裂缝。顶板 PVC 聚能管装药结构及现场装药如图 7-11(b)所示,爆破孔轴向采用连续耦合方式装药,采用两个电雷管和两条导爆索引爆,使得炸药能够充分引爆,防止出现瞎炮。

根据设计方案,在顶板一次性施工全部钻孔。钻孔施工采用ZYJ570/170 架柱式液压回转钻机,钻机推力为 15 kN,据现场施工效率计算钻机钻进速度为 6 m/h。钻孔施工过程中密切关注顶板是否有来水情况,并及时排除打钻用水,防止巷道积水,保证巷道的清洁。钻孔应尽可能靠近小煤柱帮,减小工作面回采后顶板载荷,结合钻机体积及现场钻孔施工条件,钻孔距小煤柱帮的垂直距离为 1 m。

炸药选用三级矿用乳化炸药,6212 风巷顶板深孔非贯通定向预裂爆破详细技术参数见表 7-1。

表 7-1　6212 风巷顶板非贯通定向预裂爆破技术参数表

| 钻孔直径 /mm | 钻孔垂深 /m | 钻孔摆角 /(°) | 止裂孔间爆破孔数 /个 | 爆破孔间距 /m |
|---|---|---|---|---|
| 55 | 17 | 0 | 2 | 3 |
| 导向孔距爆破孔距离/m | 止裂孔间距 /m | 止裂孔距爆破孔距离/m | 药卷直径 /mm | 装药长度 /m |
| 1.5 | 1 | 1 | 35 | 8.3 |
| 爆破距工作面距离/m | 装药量 /kg | 封泥长度 /m | PVC 聚能管长度 /m | 电雷管 /个 |
| 30 | 10 | 8.7 | 8.3 | 2 |

现场超前深孔非贯通定向预裂爆破施工过程如图 7-12 所示,

将预裂施工分为准备、装药、爆破和收尾四个阶段。

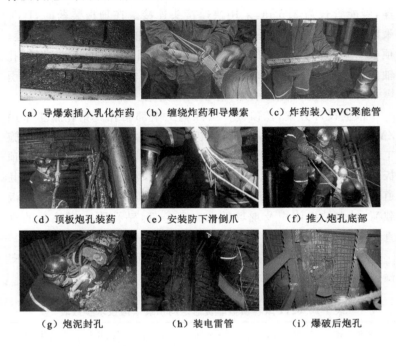

（a）导爆索插入乳化炸药　（b）缠绕炸药和导爆索　（c）炸药装入PVC聚能管

（d）顶板炮孔装药　（e）安装防下滑倒爪　（f）推入炮孔底部

（g）炮泥封孔　（h）装电雷管　（i）爆破后炮孔

图 7-12　6212风巷顶板超前深孔非贯通定向预裂爆破过程

（1）准备阶段

检查巷道顶板和帮部支护情况，确保巷道围岩无松动破碎的岩块。用炮棍进行通孔，检查炮孔深度以及炮孔的变形情况，确保炮孔符合设计要求，保证装药顺利进行。检查爆破位置是否在单体柱＋Ⅱ型梁超前支护区域，搭设装药平台。对爆破作业附近的瓦斯浓度进行检查，合格后方可装药。

（2）装药阶段

根据设计参数，用锋利刀具截取导爆索，用木签戳破乳化炸药包装,将导爆索插入乳化炸药内,如图 7-12(a)所示。用透明胶带将乳化炸药和导爆索缠绕,有利于将炸药装入 PVC 聚能管,如图 7-12(b)所示。将炸药装入 PVC 聚能管后,放入顶板炮孔内,在最后一节装药聚能管尾部安装防下滑倒爪,如图 7-12(c)(d)(e)所示。用炮棍将装药 PVC 聚能管推入炮孔底部,如图 7-12(f)所示。用炮泥机制作炮泥,进行封孔,如图 7-12(g)所示。

(3)爆破阶段

安装电雷管,并将脚线挂好。爆破工布置爆破母线,并联连接电雷管脚线,设置警戒,进行爆破作业。超前工作面 30 m 进行装药爆破,一次性装药两个炮孔,爆破两个炮孔。

(4)收尾阶段

爆破结束 30 min 后进入爆破作业区,检查爆破作业区气体浓度。检查爆破区域巷道顶板和帮部情况,撤除警戒,清理爆破现场。爆破后炮孔如图 7-12(i)所示,可见在巷道顶板进行深孔爆破不会影响巷道的稳定性。

# 7.3 现场试验实施效果评价

现场观测顶板爆破裂缝发育、锚杆受力、巷道围岩应力和位移,分析顶板非贯通爆破预裂卸压后小煤柱巷道围岩稳定性控制的效果。

## 7.3.1 爆破后顶板裂缝发育观测

利用钻孔窥视仪对爆破主裂缝扩展半径和深孔非贯通定向预裂技术实施效果进行观测。如图 7-13 所示,在距离爆破孔 1.5 m、1.8 m 和 2 m 处施工观测孔,在爆破孔爆破后观测裂缝的发育情况。由图 7-13 可知,在爆破孔内,孔壁破碎区在巷道轴向爆破裂缝发育较多,裂缝开度较大;垂直巷道轴向裂缝发育少,裂缝开度较小。距离爆破孔 1.5 m 的观测孔内,观测到两条对称分布的主裂缝;1.8 m 观测孔内,仅在局部观测到单侧裂缝;2 m 观测孔内孔壁比较完整。可见,在 PVC 聚能管和导向孔的导向作用下,爆破主裂缝扩展半径范围为 1.5~1.8 m。

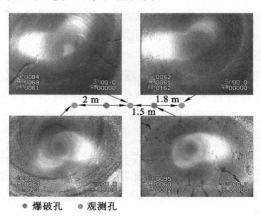

● 爆破孔　● 观测孔

图 7-13　爆破后主裂缝发育情况

实施小煤柱巷道顶板超前深孔非贯通定向预裂技术后,对预裂爆破效果进行观测,研究爆破孔、导向孔、止裂孔内的裂隙发育特征。图 7-14 所示为深孔非贯通定向预裂实施效果,由图可知:爆破孔内聚能方向破裂区裂缝数目多、开度大,裂隙向爆破孔两侧空孔发育延伸;相邻两个爆破孔中间的导向孔内,沿预裂方向形成两条主裂隙,说明此处裂隙达到了贯通的效果;在与爆破孔相邻的止裂孔内,仅有单侧裂隙,相邻止裂孔之间岩体完整,形成了非贯通区。整体观测结果表明:小煤柱巷道顶板达到了深孔非贯通定向预裂的效果。

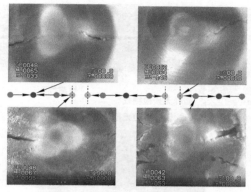

●爆破孔　●导向孔　●止裂孔　᠁非贯通区

图 7-14　深孔非贯通定向预裂实施效果

## 7.3.2　锚杆工作阻力变化检测

采用 CMW3.7 矿用锚杆无损检测仪对 6208 风巷锚杆受力状态进行检测,根据锚杆轴力检测曲线分析锚杆的受力状态。图 7-15 所示为锚杆轴力无损检测原理图和现场检测图。

在未预裂段和非贯通预裂卸压段,每隔 5 m 选取一个测站,共选取 10 个测站。每个测站在巷道顶板选取 1 根、实体煤帮和小煤柱帮各选取 2 根锚杆进行测试,检测 6208 风巷锚杆在 6212 工作面回采前后载荷的变化,研究非贯通预裂卸压对锚杆工作阻力的影响。部分测站锚杆轴力变化见表 7-2。

由表 7-2 可知,6212 工作面回采后,6208 风巷锚杆轴力增大。未预裂段锚杆轴力最大值为 113.8 kN,非贯通预裂卸压段轴力最大值为 98.6 kN,未预裂段锚杆轴力平均增加量较非贯通预裂卸压段增加量大。这是由于 6212 工作面回采后,6208 风巷压力增大,使得锚杆轴力整体增大。回采工作面巷道顶板非贯通预裂卸

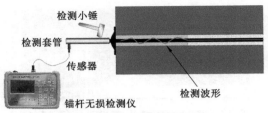

（a）锚杆轴力无损检测原理图

（b）锚杆轴力无损检测现场图

图 7-15　锚杆轴力无损检测

压后，6208 风巷压力增加量小。可见，回采工作面巷道顶板非贯通预裂卸压后可以显著减小相邻工作面巷道锚杆受力。

表 7-2　锚杆轴力检测结果

| 锚杆位置 | 测站编号 | 未切顶段 | | | 非贯通预裂卸压段 | | |
|---|---|---|---|---|---|---|---|
| | | 6212工作面未回采时轴力/kN | 6212工作面回采后轴力/kN | 锚杆轴力变化率/% | 6212工作面未回采时轴力/kN | 6212工作面回采后轴力/kN | 锚杆轴力变化率/% |
| 顶板 | 3 | 40.7 | 113.8 | 179.7 | 50.1 | 76.2 | 52.3 |
| | 4 | 70.2 | 96.1 | 36.9 | 56.5 | 98.6 | 74.4 |
| | 5 | 62.7 | 103.2 | 64.5 | 59.9 | 66.0 | 10.2 |

表 7-2(续)

| 锚杆位置 | 测站编号 | 未切顶段 | | | 非贯通预裂卸压段 | | |
|---|---|---|---|---|---|---|---|
| | | 6212工作面未回采时轴力/kN | 6212工作面回采后轴力/kN | 锚杆轴力变化率/% | 6212工作面未回采时轴力/kN | 6212工作面回采后轴力/kN | 锚杆轴力变化率/% |
| 顶板 | 6 | 55.2 | 90.7 | 64.4 | 46.6 | 74.0 | 59.0 |
| | 7 | 38.0 | 94.4 | 148.1 | 51.6 | 71.7 | 39.0 |
| | 8 | 76.2 | 99.4 | 30.5 | 72.6 | 74.8 | 3.0 |
| 小煤柱帮 | 4 | 58.8 | 108.5 | 84.6 | 74.1 | 88.6 | 19.7 |
| | | 46.2 | 103.1 | 123.2 | 57.1 | 63.2 | 10.8 |
| | 6 | 52.8 | 88.6 | 67.7 | 57.5 | 82.3 | 43.2 |
| | | 61.0 | 98.5 | 61.5 | 67.6 | 77.4 | 14.5 |
| | 8 | 66.5 | 88.0 | 32.3 | 53.7 | 67.0 | 24.8 |
| | | 70.8 | 79.1 | 11.7 | 61.4 | 70.8 | 15.3 |
| 实体煤帮 | 4 | 75.4 | 82.1 | 8.9 | 54.9 | 94.2 | 71.6 |
| | | 45.7 | 91.7 | 100.6 | 56.4 | 66.3 | 17.4 |
| | 6 | 47.6 | 71.7 | 50.6 | 43.0 | 57.3 | 33.5 |
| | | 62.0 | 77.6 | 25.1 | 32.4 | 40.5 | 24.9 |
| | 8 | 57.0 | 70.5 | 23.6 | 54.4 | 62.8 | 15.5 |
| | | 49.6 | 95.3 | 92.3 | 42.7 | 66.9 | 56.5 |

6212 工作面回采前后,6208 风巷锚杆轴力区间分布规律如图 7-16 所示,轴力变化率如图 7-17 所示。

由图 7-16 可知,6212 工作面未回采时,轴力分布在 40～60 kN 的锚杆占比最大,所占百分比为 68%。6212 工作面回采后,未预裂段轴力分布在 80～100 kN 的锚杆占比最大,所占百分比为 58%;非贯通预裂卸压段轴力分布在 60～80 kN 的锚杆占比

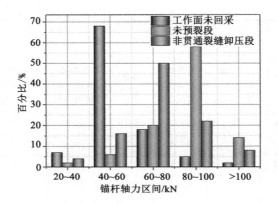

图 7-16　6208 风巷锚杆轴力区间分布

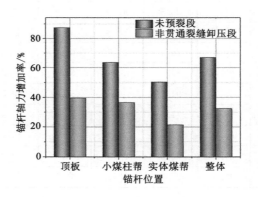

图 7-17　6208 风巷锚杆轴力增加率

最大,所占百分比为 50%。由图 7-17 可知,顶板的锚杆轴力增加率最大,未预裂段锚杆轴力平均增加率为 87.35%,非贯通预裂卸压段锚杆轴力平均增加率为 39.65%。可见,在 6212 风巷顶板采用非贯通预裂卸压后,6208 风巷锚杆轴力增加率变小。

### 7.3.3 相邻面小煤柱巷道应力和位移监测

在 6208 风巷布置观测站,监测 6212 工作面回采过程中相邻 6208 风巷的应力及收敛变形量的变化规律。图 7-18 所示为 6208 风巷围岩应力和位移监测方案示意图,在未卸压段和非贯通裂缝卸压段各布置 3 个测站,测站间隔 25 m。测站具体布置及监测方法如下:

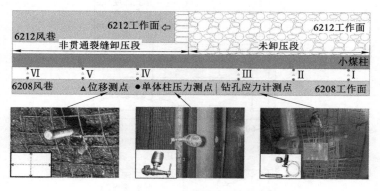

图 7-18　6208 风巷围岩应力和位移监测方案示意图

(1) 在未卸压段和非贯通裂缝卸压段各布置一组钻孔应力测站,测站选用 HCZ-2 型钻孔应力计。在小煤柱帮中部安装长度为 1 m、2 m、3 m 和 4 m 的共 4 个钻孔应力计,钻孔应力计间隔为 0.5 m。在 6212 工作面回采过程中,监测距工作面不同距离时钻孔应力计读数的变化。

(2) 在小煤柱帮侧和实体煤帮侧各选取一根单体柱进行测量。单体柱压力测量采用 YHY60(D)矿用本安型压力计,在 6212 工作面回采过程中监测单体柱工作阻力的变化。

(3) 采用十字布点法,在巷道顶底板和两帮中部标记位移测点,在 6212 工作面回采过程中记录标记点的巷道收敛变形量。

　　小煤柱钻孔应力变化曲线如图 7-19 所示。由图 7-19 可知，相同钻孔深度，非贯通裂缝卸压段应力小于未卸压段。钻孔深度为 3 m 和 4 m 时，未卸压段应力增加量分别为 5.5 MPa、3.0 MPa，非贯通裂缝卸压段应力增加量分别为 2.5 MPa、1.0 MPa，非贯通裂缝卸压段应力增加量小于未卸压段。可见，采用深孔非贯通定向预裂爆破后，小煤柱应力减小，有利于小煤柱的维护。

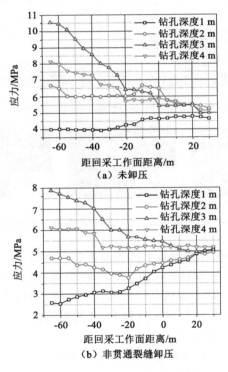

图 7-19　小煤柱钻孔应力变化曲线

　　6212 工作面回采过程中，6208 风巷不同测站单体柱压力和位移量的变化趋势基本相同，单体柱压力和位移量先增大，然后趋于稳定。选取典型测站进行分析,图 7-20 和图 7-21 所示分别为 6208 风巷单体柱压力和位移量变化曲线。

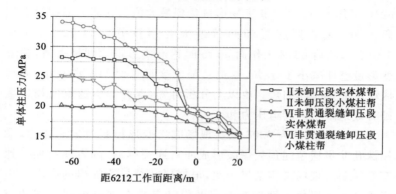

图 7-20　6208 风巷单体柱压力变化曲线

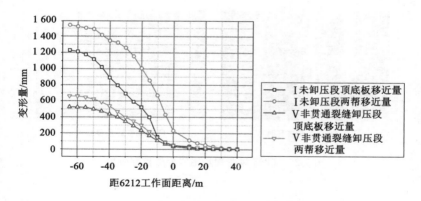

图 7-21　6208 风巷位移量变化曲线

由图 7-20 可知,在未卸压段,6208 风巷实体煤帮侧和小煤柱帮侧单体柱压力最大值分别为 28 MPa 和 34 MPa。在非贯通裂缝卸压段,6208 风巷巷道两侧压力分别为 20 MPa 和 25 MPa,巷道两侧单体柱压力减小。由图 7-21 可知,在未卸压段,6208 风巷顶底板和两帮最大变形量分别为 1 228 mm 和 1 539 mm,滞后 6212 工作面 65 m 时巷道变形量达到最大值。在非贯通裂缝卸压段,6208 风巷顶底板和两帮最大变形量分别为 525 mm 和 660 mm,滞后 6212 工作面 50 m 时巷道变形量达到最大值,巷道变形量整体减小了 57%,巷道达最大变形量时的距离减小,采空区垮落稳定时间缩短。由以上分析可知,深孔非贯通定向预裂爆破有效地减小了巷道压力和变形。

图 7-22 所示为 6208 风巷现场围岩变形控制效果对比图,采用深孔非贯通定向预裂爆破形成非贯通裂缝后,围岩稳定性得到有效控制。现场观测结果表明,根据研究结果所提出的高应力小煤柱巷道围岩稳定性控制方法及设计参数在现场得到了成功应用,应用效果显著。

(a)未卸压时　　　　　　　(b)非贯通预裂卸压时

图 7-22　6208 风巷现场围岩变形控制效果

## 7.4　本章小结

本章基于前文研究成果,结合试验矿井地质条件,提出了小煤柱巷道顶板非贯通预裂卸压围岩稳定性控制方案,并进行了现场试验。通过监测小煤柱巷道锚杆载荷、小煤柱钻孔应力、单体

柱压力及巷道变形量,评价了应力叠加小煤柱巷道围岩稳定性控制效果。主要结论如下:

(1)提出了小煤柱巷道顶板超前深孔非贯通定向预裂卸压技术:在小煤柱侧一次性连续打钻成孔、跟进工作面预裂爆破,沿巷道轴向超前预制定长非贯通裂缝,随采空区顶板回转裂缝相互连通,完成切顶,实现了小煤柱巷道顶板超前预裂和来压切顶的时空分离。

(2)顶板预裂爆破裂缝观测表明,爆破孔内聚能方向破裂区裂缝数目多开度大,裂隙向爆破孔两侧空孔发育延伸,导向孔内形成两条对称裂隙,止裂孔内仅有单侧裂隙,相邻止裂孔之间岩体完整,形成了非贯通区,达到了深孔非贯通定向预裂的效果。

(3)在非贯通预裂卸压段,工作面回采后6208风巷锚杆轴力、两侧单体柱压力、钻孔应力以及变形量增加量减小。锚杆轴力平均增加率为32.5%,巷道变形量整体减小了57%,巷道达最大变形量的距离减小。现场观测结果表明,根据研究结果所提出的高应力小煤柱巷道围岩稳定性控制方案在现场得到了成功应用,验证了研究成果的正确性和可靠性。

# 8  结论与展望

## 8.1  主要结论

小煤柱护巷同时准备两个回采工作面,可以有效缓解煤矿采掘接替紧张、提高煤炭采出量、推进煤炭资源绿色高效开发。然而,小煤柱承受两侧巷道掘进和工作面回采四次动压影响,稳定性控制困难。当工作面回采时,相邻面巷道矿压显现剧烈。超前深孔非贯通定向预裂可在小煤柱巷道顶板形成非贯通裂缝,优化了小煤柱巷道顶板结构,实现了采动影响下高应力小煤柱巷道的稳定控制。本书综合采用实验室试验、理论分析、数值计算、相似模拟和现场试验等手段,对非贯通预裂顶板结构演化、预裂爆破裂缝扩展及控制、顶板非贯通预裂围岩变形机理等内容进行了系统研究,主要结论如下:

(1)构建了工作面回采后高应力小煤柱巷道基本顶结构力学模型,推导了小煤柱巷道基本顶变形表达式,得到了侧向悬顶长度和小煤柱支承载荷对相邻面巷道基本顶变形的影响规律。相邻面小煤柱巷道基本顶最大变形量随侧向悬顶长度的增加而增大,随小煤柱支承载荷的增加而减小。基于此,提出了预裂切顶减小基本顶侧向悬顶长度,注浆加固和对穿锚索提高小煤柱强度,从而减小基本顶变形的方法。建立了基本顶非贯通岩体区域和贯通裂缝区域力学模型,阐明了非贯通预裂基本顶应力分布特征。超前非贯通裂缝改变了基本顶应力分布形态,在贯通裂缝区域基本顶悬臂梁固定端应力值大。

(2)建立了非贯通裂缝沿巷道轴向扩展力学模型,得到了Ⅰ-Ⅲ复合型裂缝沿巷道轴向失稳扩展准则,阐明了巷道轴向裂缝长和非贯通岩体长比值、裂缝距实体煤帮距离、基本顶承受载荷对应力强度因子叠加值和最小应变能密度因子的影响。随着巷道轴向裂缝长和非贯通岩体长比值的增加,Ⅰ-Ⅲ复合型裂缝最小应变能密度因子增大。巷道轴向非贯通岩体长为 1 m,轴向裂缝长根据基本顶岩石断裂韧性参数确定。根据现场试验工程概况,确定了轴向裂缝长度和非贯通岩体长度比值为5,裂缝长度为5 m。

(3)构建了工作面回采后非贯通裂缝竖向扩展力学模型,得到了裂缝垂高与基本顶厚度比值、裂缝与竖直方向夹角、侧向悬臂长度等对Ⅰ-Ⅱ复合型裂缝应力强度因子叠加值、临界扩展载荷、扩展起始角度的影响规律。裂缝垂高与基本顶厚度比值在0.35~0.95范围,应力强度因子叠加值随着比值的增加而增大,临界扩展载荷随着比值的增加呈现先增大后减小的趋势。从应力强度因子叠加值和临界扩展载荷考虑,确定了裂缝垂高与基本顶厚度比值大于0.8,裂缝与竖直方向的夹角为0°。

(4)建立了小煤柱巷道顶板非贯通预裂卸压数值计算模型,阐明了小煤柱巷道围岩应力叠加、能量积聚以及持续变形过程,小煤柱中心叠加应力峰值为3.06倍原岩应力。得到了非贯通裂缝长度、裂缝垂直高度、裂缝偏转角度、裂缝与小煤柱垂直距离等对小煤柱巷道围岩应力、能量分布、变形特征的影响规律。随着非贯通裂缝长度和垂直高度的增大,小煤柱中心垂直应力、弹性应变能密度以及相邻面顺槽移近量呈现先减小后趋于稳定的变化趋势。优化了顶板非贯通裂缝关键参数,裂缝与小煤柱位置根据现场炮孔施工条件选择靠近小煤柱帮,非贯通预裂爆破选择在超前工作面20~30 m范围。

（5）得到了端头区域垂直应力峰值与非贯通裂缝参数的指数函数关系。随着非贯通裂缝长度和垂直高度的增大，回采工作面端头区域垂直应力峰值增大，顶板形成贯通裂缝时，端头区域应力最大。随着非贯通裂缝偏转角度和距小煤柱垂直距离的增加，端头区域垂直应力峰值减小。非贯通岩体区域能够维护工作面端头，减小回采工作面端头应力。

（6）通过小煤柱巷道顶板非贯通预裂三维相似模型试验和二维相似模拟试验，得到了覆岩中视电阻率的变化以及电磁波的传播路径，揭示了工作面推进方向和竖向顶板非贯通预裂岩层三维运移破断演化规律。顶板非贯通预裂改变了低位关键岩层断裂三角板形状、顶板悬顶结构和岩层垮落角。高位岩层"O形圈"范围和视电阻率变化率增大，电磁波波形发生散射和绕射。低位和高位关键岩层破断结构为"竖 O-X"形和"横 O-X"形空间结构。

（7）通过 LS-DYNA 动力学数值计算，阐明了聚能管和空孔在定向预裂爆破中的协同导向作用，空孔处有效应力提高了2.35倍，水平主裂缝长度增加了 83.71%。聚能管和空孔协同控制爆生主裂隙的扩展方向，聚能管使得裂缝主要沿聚能方向分布，空孔使得主裂缝进一步扩展延伸。得到了不耦合系数、空孔与爆破孔距离、空孔直径对有效应力的影响规律，提出了非贯通预裂爆破参数设计方法。单孔和双孔爆破时，确定了不耦合系数为1.57，空孔与爆破孔距离分别为 100 cm 和 150 cm 时，爆破主裂缝长度最大。

（8）得到了聚能管和空孔协同作用下预裂爆破裂缝的形成、扩展及止裂规律，提出了非贯通裂缝定向控制方法。导向孔布置在两个爆破孔中间，止裂孔布置在裂隙贯通区与非贯通区交界处。通过改变止裂孔间爆破孔的数目实现对裂缝区长度的控制，通过改变两个相邻止裂孔的间距来控制非贯通区岩体长度。

（9）结合试验矿井地质条件，提出了应力叠加小煤柱巷道加强支护-非贯通预裂卸压协同控制方案,并进行了现场试验。在非贯通预裂卸压段,工作面回采后巷道整体变形量减小了 57%。现场观测结果表明,根据研究结果所提出的高应力小煤柱巷道围岩稳定性控制方案得到了成功应用,验证了研究成果的正确性和可靠性。

## 8.2 展望

本书针对小煤柱巷道收敛变形剧烈问题,对应力叠加小煤柱巷道顶板非贯通预裂围岩变形机理及应用进行系统研究。然而,由于现场工程所涉及内容的复杂性,许多问题有待进一步深入研究:

(1)本书针对非贯通预裂小煤柱巷道围岩变形进行了研究,而采空区后方顶板非贯通裂缝沿巷道轴向扩展演化以及非贯通裂缝对采空区覆岩垮落稳定时间的影响需要进一步探讨。

(2)多次预裂爆破振动会对相邻面巷道稳定性产生影响,可以进一步研究爆破振动对巷道稳定性的影响规律。由于爆破实验室条件限制,预裂爆破聚能管和空孔协同导向作用有待进一步试验验证。

(3)回采工作面超前采动压力对炮孔稳定性产生影响,起始钻孔距回采工作面的距离以及小煤柱侧一次性连续打钻成孔塌孔问题需要进一步分析。

# 参 考 文 献

[1] 国家发展改革委,国家能源局.煤炭工业发展"十三五"规划
[EB/OL].(2016-12-31).https://www.gov.cn/xinwen/2016-
12/30/5154806/files/358a4e8cd1ff4e3b8d5245a6b9246167.pdf.

[2] 国家能源局,科学技术部."十四五"能源领域科技创新规划
[EB/OL].(2021-11-29).http://zfxxgk.nea.gov.cn/131054
0453_16488568862671n.pdf.

[3] 钱鸣高,许家林.煤炭开采与岩层运动[J].煤炭学报,2019,44
(4):973-984.

[4] 钱鸣高.加强煤炭开采理论研究 实现科学开采[J].采矿与安
全工程学报,2017,34(4):615.

[5] 谢和平,任世华,谢亚辰,等.碳中和目标下煤炭行业发展机遇
[J].煤炭学报,2021,46(7):2197-2211.

[6] 谢和平,王金华,王国法,等.煤炭革命新理念与煤炭科技发展
构想[J].煤炭学报,2018,43(5):1187-1197.

[7] 康红普.新时代煤炭工业高质量发展的战略思考[N].中国煤
炭报,2021-07-27.

[8] 王金华,康红普,刘见中,等.我国绿色煤炭资源开发布局战略
研究[J].中国矿业大学学报,2018,47(1):15-20.

[9] 钱鸣高,许家林,王家臣,等.矿山压力与岩层控制[M].3 版.
徐州:中国矿业大学出版社,2021.

[10] 徐永圻.煤矿开采学[M].4 版.徐州:中国矿业大学出版

社,2015.

[11] 黄鹏.煤岩蠕变损伤机理及工作面临空区段煤柱稳定性研究[D].徐州:中国矿业大学,2018.

[12] 皇甫靖宇.大倾角煤层长壁工作面多区段开采煤柱失稳机理研究[D].西安:西安科技大学,2019.

[13] 王志强,武超,罗健侨,等.特厚煤层巨厚顶板分层综采工作面区段煤柱失稳机理及控制[J].煤炭学报,2021,46(12):3756-3770.

[14] FENG G R,WANG P F,CHUGH Y,et al. A coal burst mitigation strategy for tailgate during deep mining of inclined longwall top coal caving panels at Huafeng Coal Mine[J]. Shock and vibration,2018(7):1-18.

[15] FENG G R,WANG P F,CHUGH Y P. A new gob-side entry layout for longwall top coal caving[J]. Energies,2018,11(5):1292.

[16] WANG Q,GAO H K,JIANG B,et al. Research on reasonable coal pillar width of roadway driven along goaf in deep mine[J]. Arabian journal of geosciences,2017,10(21):466.

[17] 郭文豪,曹安业,温颖远,等.鄂尔多斯矿区典型厚顶宽煤柱采场冲击地压机理[J].采矿与安全工程学报,2021,38(4):720-729.

[18] 孙刘伟,鞠文君,潘俊锋,等.基于震波 CT 探测的宽煤柱冲击地压防控技术[J].煤炭学报,2019,44(2):377-383.

[19] 杜计平,孟宪锐.采矿学[M].3 版.徐州:中国矿业大学出版社,2019.

[20] 李文龙.厚煤层小煤柱护巷及支护技术研究[J].煤炭科学技术,2017,45(8):147-152.

[21] WU W D,BAI J B,WANG X Y,et al. Numerical study of

failure mechanisms and control techniques for a gob-side yield pillar in the Sijiazhuang Coal Mine, China[J]. Rock mechanics and rock engineering, 2019, 52(4): 1231-1245.

[22] LI W F, BAI J B, PENG S, et al. Numerical modeling for yield pillar design: a case study[J]. Rock mechanics and rock engineering, 2015, 48(1): 305-318.

[23] 张洪伟, 万志军, 张源. 非充分稳定覆岩下综放沿空掘巷窄煤柱巷旁注浆加固机理[J]. 采矿与安全工程学报, 2018, 35(3): 489-495.

[24] 张洪伟, 万志军, 张源, 等. 非充分稳定覆岩下综放沿空掘巷窄煤柱变形机理[J]. 采矿与安全工程学报, 2016, 33(4): 692-698.

[25] 张杰, 刘清洲, 孙遥, 等. 浅埋薄基岩沿空掘巷围岩结构稳定性分析[J]. 采矿与安全工程学报, 2020, 37(4): 647-654.

[26] 王俊峰. 中厚煤层留窄煤柱沿空掘巷支护技术研究[J]. 煤炭科学技术, 2020, 48(5): 50-56.

[27] 孙福玉. 综放开采窄煤柱沿空掘巷围岩失稳机理与控制技术[J]. 煤炭科学技术, 2018, 46(10): 149-154.

[28] 宋阳升, 李成海. 深部倾斜煤层综放孤岛工作面高应力集中区煤柱留设技术研究[J]. 现代矿业, 2020, 36(1): 77-82.

[29] 梁建军. 王庄煤矿孤岛面煤柱应力演化规律及支护技术研究[J]. 煤, 2018, 27(7): 28-30.

[30] 李振雷, 窦林名, 王桂峰, 等. 坚硬顶板孤岛煤柱工作面冲击特征及机制分析[J]. 采矿与安全工程学报, 2014, 31(4): 519-524.

[31] 朱广安, 窦林名, 刘阳, 等. 深埋复杂不规则孤岛工作面冲击矿压机制研究[J]. 采矿与安全工程学报, 2016, 33(4): 630-635.

［32］刘宏军.双侧采空孤岛煤体冲击地压发生机理与防治技术研究［D］.北京：中国矿业大学（北京），2016.

［33］李海,李川.煤矿盘区内顺序接替开采与跳跃式采煤生产布局的技术分析［J］.煤矿安全,2021,52(5):221-226.

［34］白文勇,徐青云,李永明,等.大采高双巷掘进巷间煤柱合理宽度研究［J］.煤矿安全,2019,50(10):212-215.

［35］田柯,任亚军,徐春虎,等.超长推进距离综采工作面顺采沿空掘巷技术研究［J］.煤炭工程,2019,51(1):55-59.

［36］池俊峰.连采机双巷快速掘进技术应用［J］.煤炭工程,2018,50(增刊1):54-57.

［37］曹军,孙德宁.连续采煤机双巷掘进工艺及参数优化研究［J］.煤炭科学技术,2012,40(5):9-13.

［38］郑忠友,朱磊,潘浩,等.冲击地压矿井采煤工作面双连巷布置设计［J］.煤炭工程,2020,52(11):1-5.

［39］谭凯,孙中光,林引,等.双巷布置综采工作面煤柱合理宽度研究［J］.煤炭工程,2017,49(3):8-10.

［40］范文生,刘晓东.采动影响下双巷掘进煤柱承载特征研究［J］.山西焦煤科技,2020,44(8):44-47.

［41］徐波.缓倾斜薄煤层采动巷道矿压显现规律及围岩控制机理研究［D］.重庆：重庆大学,2017.

［42］李建永.大采高工作面双巷围岩失稳机理及控制研究［J］.山西焦煤科技,2019,43(9):41-45.

［43］题正义,潘进,田臣,等.7.0 m采高综采面回采巷道变形破坏规律研究［J］.中国安全生产科学技术,2016,12(4):57-61.

［44］HUANG B X,LIU J W,ZHANG Q. The reasonable breaking location of overhanging hard roof for directional hydraulic fracturing to control strong strata behaviors of gob-side entry[J]. International journal of rock mechanics and mining sciences,2018,103:1-11.

[45] HUANG B X,CHEN S L,ZHAO X L. Hydraulic fracturing stress transfer methods to control the strong strata behaviours in gob-side gateroads of longwall mines[J]. Arabian journal of geosciences,2017,10(11):236.

[46] BAI Q S,TU S H,WANG F T,et al. Field and numerical investigations of gateroad system failure induced by hard roofs in a longwall top coal caving face[J]. International journal of coal geology,2017,173:176-199.

[47] 景国勋,刘孟霞.2015—2019 年我国煤矿瓦斯事故统计与规律分析[J].安全与环境学报,2022,22(3):1680-1686.

[48] 张俊文,杨虹霞.2005—2019 年我国煤矿重大及以上事故统计分析及安全生产对策研究[J].煤矿安全,2021,52(12):261-264.

[49] 张培森,牛辉,朱慧聪,等.2019—2020 年我国煤矿安全生产形势分析[J].煤矿安全,2021,52(11):245-249.

[50] 张慧,王冬雪,王启飞.2005—2016 年我国较大及以上煤矿事故特征分析[J].安全与环境学报,2019,19(5):1847-1852.

[51] 朱云飞,王德明,戚绪尧,等.1950—2016 年我国煤矿特大事故统计分析[J].煤矿安全,2018,49(10):241-244.

[52] 吕嘉锟.深井厚煤层小煤柱沿空留巷技术研究[D].青岛:山东科技大学,2019.

[53] 杨凯,勾攀峰.高强度开采双巷布置巷道围岩差异化控制研究[J].采矿与安全工程学报,2021,38(1):76-83.

[54] 吴林.重复采动巷道塑性区阶段破坏规律及稳定控制[D].包头:内蒙古科技大学,2020.

[55] 余学义,王琦,赵兵朝,等.大采高双巷布置工作面巷间煤柱合理宽度研究[J].岩石力学与工程学报,2015,34(增刊1):3328-3336.

[56] 王志强,苏越,宋梓瑜,等.超长推进距离工作面双巷布置沿空掘巷技术及应用效果分析[J].岩石力学与工程学报,2018,37(增刊2):4170-4176.

[57] 王志强,王建明,郭磊,等.超长推进距离工作面双巷掘进的沿空顺采技术研究[J].矿业科学学报,2017,2(4):364-370.

[58] 申乾.密集钻孔切顶卸压机理及应用[D].徐州:中国矿业大学,2020.

[59] 王琦,樊运平,李刚,等.厚煤层综放双巷工作面巷间煤柱尺寸研究[J].岩土力学,2017,38(10):3009-3016.

[60] 万正海.肖家洼煤矿厚煤层顺序开采临空巷道稳定性控制研究[D].徐州:中国矿业大学,2019.

[61] 赵宝福.浅埋煤层开采双巷布置煤柱上覆岩层结构分析与合理宽度研究[D].徐州:中国矿业大学,2019.

[62] 屈晋锐.基于裂隙演化的双巷掘进区段煤柱承载特性研究[D].徐州:中国矿业大学,2019.

[63] 严冬.景福矿动压巷道合理区段煤柱宽度与围岩稳定控制研究[D].徐州:中国矿业大学,2016.

[64] 张守宝,皇甫龙,王超,等.深部高应力双巷掘进巷道围岩稳定性及控制[J].中国矿业,2022,31(2):104-112.

[65] 张杰,白文勇,王斌,等.浅埋煤层孤岛工作面区段煤柱宽度优化[J].西安科技大学学报,2021,41(6):988-996.

[66] 王建利.浅埋薄基岩窄煤柱巷道上覆岩层破断规律与稳定控制研究[D].徐州:中国矿业大学,2017.

[67] 祁方坤.掘采全过程综放沿空巷道围岩变形机理及控制技术[D].徐州:中国矿业大学,2016.

[68] 蒋力帅. 工程岩体劣化与大采高沿空巷道围岩控制原理研究[D]. 北京：中国矿业大学（北京），2016.

[69] 温克珩. 深井综放面沿空掘巷窄煤柱破坏规律及其控制机理研究[D]. 西安：西安科技大学，2009.

[70] 谢福星. 综放沿空煤巷上覆岩层断裂位置及结构稳定性研究[D]. 北京：中国矿业大学（北京），2017.

[71] 凌涛. 基本顶破断位置对煤柱稳定性影响及沿空掘巷支护研究[D]. 湘潭：湖南科技大学，2015.

[72] PENG S S. Longwall mining[M]. London：CRC Press，2020：87-102.

[73] PENG S S. Coal mine ground control[M]. 徐州：中国矿业大学出版社，2013.

[74] WATTIMENA R K，KRAMADIBRATA S，SIDI I D，et al. Developing coal pillar stability chart using logistic regression[J]. International journal of rock mechanics and mining sciences，2013，58：55-60.

[75] LIU S F，WAN Z J，ZHANG Y，et al. Research on evaluation and control technology of coal pillar stability based on the fracture digitization method[J]. Measurement，2020，158：107713.

[76] 李季. 深部窄煤柱巷道非均匀变形破坏机理及冒顶控制[D]. 北京：中国矿业大学（北京），2016.

[77] LI X Y，ZHANG N，XIE Z Z，et al. Study on efficient utilization technology of coal pillar based on gob-side entry driving in a coal mine with great depth and high production[J]. Sustainability，2019，11(6)：1706.

[78] 张广超. 综放松软窄煤柱沿空巷道顶板不对称破坏机制与调控系统[D]. 北京：中国矿业大学（北京），2017.

[79] ZHANG H W,WAN Z J,MA Z Y,et al. Stability control of narrow coal pillars in gob-side entry driving for the LTCC with unstable overlying strata:a case study[J]. Arabianjournal of geosciences,2018,11(21):665.

[80] 张蓓.厚层放顶煤小煤柱沿空巷道采动影响段围岩变形机理与强化控制技术研究[D].徐州:中国矿业大学,2015.

[81] QIN S Q,JIAO J J,TANG C A,et al. Instability leading to coal bumps and nonlinear evolutionary mechanisms for a coal-pillar-and-roof system[J]. International journal of solids and structures,2006,43(25/26):7407-7423.

[82] ZHA W H,SHI H,LIU S,et al. Surrounding rock control of gob-side entry driving with narrow coal pillar and roadway side sealing technology in Yangliu Coal Mine[J]. International journal of mining science and technology,2017,27(5):819-823.

[83] 张百胜,王朋飞,崔守清,等.大采高小煤柱沿空掘巷切顶卸压围岩控制技术[J].煤炭学报,2021,46(7):2254-2267.

[84] 刘志刚.呼吉尔特深部矿区坚硬顶板宽煤柱采场爆破减压降冲原理与实践[D].徐州:中国矿业大学,2018.

[85] 刘志刚,曹安业,井广成.煤体卸压爆破参数正交试验优化设计研究[J].采矿与安全工程学报,2018,35(5):931-939.

[86] 刘志刚,曹安业,朱广安,等.不耦合爆破技术在高应力区域卸压效果[J].爆炸与冲击,2018,38(2):390-396.

[87] LIU Z G,CAO A Y,GUO X S,et al. Deep-hole water injection technology of strong impact tendency coal seam—a case study in Tangkou Coal Mine[J]. Arabian journal of geosciences,2018,11(2):12.

[88] LIU Z G,CAO A Y,LIU G L,et al. Experimental research

on stress relief of high-stress coal based on noncoupling blasting[J]. Arabian journal for science and engineering, 2018,43(7):3717-3724.

[89] LIU Z G,CAO A Y,ZHU G G,et al. Numerical simulation and engineering practice for optimal parameters of deep-hole blasting in sidewalls of roadway[J]. Arabian journal for science and engineering,2017,42(9):3809-3818.

[90] 刘正和,杨录胜,宋选民,等. 巷旁深切缝对顶部岩层应力控制作用研究[J]. 采矿与安全工程学报,2014,31(3):347-353.

[91] 刘正和. 回采巷道顶板切缝减小护巷煤柱宽度的技术基础研究[D]. 太原:太原理工大学,2012.

[92] 刘正和,赵阳升,弓培林,等. 回采巷道顶板大深度切缝后煤柱应力分布特征[J]. 煤炭学报,2011,36(1):18-23.

[93] 戚福周. 高应力沿空掘巷切顶卸压围岩变形机理及控制研究[D]. 徐州:中国矿业大学,2020.

[94] QI F Z,MA Z G,LI N,et al. Numerical analysis of the width design of a protective pillar in high-stress roadway:a case study [J]. Advances in civil engineering, 2021, 2021:5533364.

[95] QI F Z,MA Z G,YANG D W,et al. Stability control mechanism of high-stress roadway surrounding rock by roof fracturing and rock mass filling[J]. Advances in civil engineering,2021,2021:6658317.

[96] QI F Z,YANG D W,ZHANG Y G,et al. Analysis of failure mechanism of roadway surrounding rock under thick coal seam strong mining disturbance[J]. Shock and vibration, 2021,2021:9940667.

[97] QI F Z,MA Z G. Investigation of the roof presplitting and rock mass filling approach on controlling large deformations and coal bumps in deep high-stress roadways[J]. Latin American journal of solids and structures,2019,16(4): https://doi. org/10. 1590/1679-78255586.

[98] 卜若迪. 厚煤层沿空巷道切顶卸压和锚固协同围岩稳定性控制研究[D]. 徐州:中国矿业大学,2020.

[99] 杨亮. 采空侧切顶沿空掘巷小煤柱稳定特征研究[D]. 徐州:中国矿业大学,2020.

[100] XIANG Z,ZHANG N,XIE Z Z,et al. Cooperative control mechanism of long flexible bolts and blasting pressure relief in hard roof roadways of extra-thick coal seams:a case study[J]. Applied sciences,2021,11(9):4125.

[101] HE M C,GAO Y B,YANG J,et al. An innovative approach for gob-side entry retaining in thick coal seam longwall mining[J]. Energies,2017,10(11):1785.

[102] 何满潮,马新根,牛福龙,等. 中厚煤层复合顶板快速无煤柱自成巷适应性研究与应用[J]. 岩石力学与工程学报,2018,37(12):2641-2654.

[103] 何满潮,吕谦,陶志刚,等. 静力拉伸下恒阻大变形锚索应变特征实验研究[J]. 中国矿业大学学报,2018,47(2):213-220.

[104] 何满潮,王亚军,杨军,等. 切顶成巷工作面矿压分区特征及其影响因素分析[J]. 中国矿业大学学报,2018,47(6):1157-1165.

[105] 何满潮,郭鹏飞,张晓虎,等. 基于双向聚能拉张爆破理论的巷道顶板定向预裂[J]. 爆炸与冲击,2018,38(4):795-803.

[106] 何满潮,马资敏,郭志飚,等. 深部中厚煤层切顶留巷关键技

术参数研究[J].中国矿业大学学报,2018,47(3):468-477.

[107] 何满潮,陈上元,郭志飚,等.切顶卸压沿空留巷围岩结构控制及其工程应用[J].中国矿业大学学报,2017,46(5):959-969.

[108] 何满潮,高玉兵,杨军,等.无煤柱自成巷聚能切缝技术及其对围岩应力演化的影响研究[J].岩石力学与工程学报,2017,36(6):1314-1325.

[109] ZHANG Q,HE M C,GUO S,et al. Investigation on the key techniques and application of the new-generation automatically formed roadway without coal pillars by roof cutting[J]. International journal of rock mechanics and mining sciences,2022,152:105058.

[110] WANG Q,HE M C,YANG J,et al. Study of a no-pillar mining technique with automatically formed gob-side entry retaining for longwall mining in coal mines[J]. International journal of rock mechanics and mining sciences,2018,110:1-8.

[111] GUO P F,YUAN Y D,YE K K,et al. Fracturing mechanisms and deformation characteristics of rock surrounding the gate during gob-side entry retention through roof prefracturing[J]. International journal of rock mechanics and mining sciences,2021,148:104927.

[112] WANG Y J,GAO Y B,WANG E Y,et al. Roof deformation characteristics and preventive techniques using a novel non-pillar mining method of gob-side entry retaining by roof cutting[J]. Energies,2018,11(3):627.

[113] 华心祝,刘啸,黄志国,等.动静耦合作用下无煤柱切顶留巷顶板成缝与稳定机理[J].煤炭学报,2020,45(11):

3696-3708.

[114] HUA X Z,CHANG G F,LIU X,et al. Three-dimensional physical simulation and control technology of roof movement characteristics in non-pillar gob-side entry retaining by roof cutting[J]. Shock and vibration,2021,2021:1-13.

[115] 刘啸,华心祝,杨朋,等.深井切顶留巷顶板错动判据与支护参数量化研究[J].采矿与安全工程学报,2021,38(6):1122-1133.

[116] CHEN D H,LI C,HUA X Z,et al. Rebound mechanism and control of the hard main roof in the deep mining roadway in Huainan mining area[J]. Shock and vibration,2021,2021:1-17.

[117] 张彦.深井无巷旁充填切顶卸压沿空留巷关键切顶参数及围岩控制研究[D].淮南:安徽理工大学,2019.

[118] LIU X,HUA X Z,YANG P,et al. A study of the mechanical structure of the direct roof during the whole process of nonpillar gob-side entry retaining by roof cutting[J]. Energy exploration & exploitation,2020,38(5):1706-1724.

[119] 杨森,周冰川,李迎富,等.无巷旁充填切顶卸压沿空留巷矿压显现规律及关键支护技术[J].煤矿安全,2018,49(8):222-225.

[120] GAO Y B,WANG Y J,YANG J,et al. Meso- and macroeffects of roof split blasting on the stability of gateroad surroundings in an innovative nonpillar mining method[J]. Tunnelling and underground space technology,2019,90:99-118.

[121] 高玉兵,杨军,张星宇,等.深井高应力巷道定向拉张爆破切顶卸压围岩控制技术研究[J].岩石力学与工程学报,2019,

38(10):2045-2056.

[122] 高玉兵,杨军,王琦,等.无煤柱自成巷预裂切顶机理及其对矿压显现的影响[J].煤炭学报,2019,44(11):3349-3359.

[123] 高玉兵,王炯,高海南,等.断层构造影响下切顶卸压自动成巷矿压规律及围岩控制[J].岩石力学与工程学报,2019,38(11):2182-2193.

[124] 高玉兵,甄恩泽,马资敏,等.不同煤厚条件下切顶卸压无煤柱自成巷技术应用[J].煤矿安全,2020,51(9):168-173.

[125] 高玉兵.柠条塔煤矿厚煤层110工法关键问题研究[D].北京:中国矿业大学(北京),2018.

[126] 高玉兵,何满潮,杨军,等.无煤柱自成巷空区矸体垮落的切顶效应试验研究[J].中国矿业大学学报,2018,47(1):21-31.

[127] 高玉兵,郭志飚,杨军,等.沿空切顶巷道围岩结构稳态分析及恒压让位协调控制[J].煤炭学报,2017,42(7):1672-1681.

[128] GONG P,CHEN Y H,MA Z G,et al. Study on stress relief of hard roof based on presplitting and deep hole blasting[J]. Advances in civil engineering,2020,2020:8842818.

[129] GONG P,MA Z G,CHEN Y H,et al. Study on the porosity of saturated fragmentized coals during creep process and constitutive relation[J]. Advances in civil engineering,2020,2020:8851061.

[130] GONG P,NI X Y,CHEN Z Q,et al. Experimental investigation on sandstone permeability under plastic flow:permeability evolution law with stress increment[J]. Geofluids,2019,2019:2374107.

[131] 龚鹏.深部大采高矸石充填综采沿空留巷围岩变形机理及

应用[D].徐州:中国矿业大学,2018.

[132] GONG P,MA Z G,NI X Y,et al. An experimental investigation on the mechanical properties of gangue concrete as a roadside support body material for backfilling gob-side entry retaining[J]. Advances in materials science and engineering,2018,2018:1326053.

[133] GONG P,MA Z G,ZHANG R R,et al. Surrounding rock deformation mechanism and control technology for gobside entry retaining with fully mechanized gangue backfilling mining:a case study[J]. Shock and vibration,2017, 2017:6085941.

[134] GONG P,MA Z G,NI X Y,et al. Floor heave mechanism of gob-side entry retaining with fully-mechanized backfilling mining[J]. Energies,2017,10(12):2085.

[135] 何满潮,王亚军,杨军,等.切顶卸压无煤柱自成巷开采与常规开采应力场分布特征对比分析[J].煤炭学报,2018,43(3):626-637.

[136] 李群,欧卓成,陈宜亨.高等断裂力学[M].北京:科学出版社,2017:16-37.

[137] 嵇醒.断裂力学判据的评述[J].力学学报,2016,48(4):741-753.

[138] 武旭.非贯通交叉型节理岩体巷道围岩定向破裂机理与控制研究[D].北京:北京科技大学,2019.

[139] 龚爽.冲击载荷作用下煤的动态拉伸及Ⅰ型断裂力学特性研究[D].北京:中国矿业大学(北京),2018.

[140] 赵延林,万文,王卫军,等.类岩石裂纹压剪流变断裂与亚临界扩展实验及破坏机制[J].岩土工程学报,2012,34(6):1050-1059.

[141] 唐世斌,黄润秋,唐春安. T 应力对岩石裂纹扩展路径及起裂强度的影响研究[J]. 岩土力学,2016,37(6):1521-1529.

[142] 唐世斌,黄润秋,唐春安,等. 考虑 T 应力的最大周向应变断裂准则研究[J]. 土木工程学报,2016,49(9):87-95.

[143] 郑安兴,罗先启. 压剪应力状态下岩石复合型断裂判据的研究[J]. 岩土力学,2015,36(7):1892-1898.

[144] 田常海. 复合型裂纹扩展的主应力因子模型及Ⅰ-Ⅲ复合型裂纹扩展[J]. 应用力学学报,2004,21(1):84-89.

[145] 徐军. 非穿透裂纹诱导的岩石破裂过程及失效判据研究[D]. 南京:东南大学,2018.

[146] 程靳,赵树山. 断裂力学[M]. 北京:科学出版社,2006.

[147] 陈忠辉,冯竞竞,肖彩彩,等. 浅埋深厚煤层综放开采顶板断裂力学模型[J]. 煤炭学报,2007,32(5):449-452.

[148] 李金华,陈文晓,苏培莉,等. 深孔预裂强制放顶断裂力学模型研究[J]. 煤田地质与勘探,2020,48(6):217-223.

[149] 杨登峰,张凌凡,柴茂,等. 基于断裂力学的特厚煤层综放开采顶板破断规律研究[J]. 岩土力学,2016,37(7):2033-2039.

[150] 李金华,段东,岳鹏举,等. 坚硬顶板强制放顶断裂力学模型研究[J]. 煤田地质与勘探,2018,46(6):128-132.

[151] 杨登峰. 西部浅埋煤层高强度开采顶板切落机理研究[D]. 北京:中国矿业大学(北京),2016.

[152] 杨登峰,陈忠辉,孙建伟,等. 大采高长壁工作面顶板垮落的裂纹板力学模型[J]. 东南大学学报(自然科学版),2016,46(增刊1):210-216.

[153] 蔡峰,苗沛沛,王二雨,等. 厚层灰岩直接顶沿空成巷切顶断裂条件及围岩移动规律研究[J]. 采矿与安全工程学报,2017,34(3):488-494.

[154] 张国锋,苗沛沛,王二雨,等. 浅埋沿空留巷切缝顶板断裂条

件及移动规律研究[J]. 矿业科学学报,2017,2(2):
109-119.

[155] 常治国. 力-温度场作用下裂隙岩体损伤机理及边坡时效稳
定性分析[D]. 徐州:中国矿业大学,2019.

[156] 陈忠辉,胡正平,李辉,等. 煤矿隐伏断层突水的断裂力学模
型及力学判据[J]. 中国矿业大学学报,2011,40(5):
673-677.

[157] 王猛. 煤矿深部开采巷道围岩变形破坏特征试验研究及其
控制技术[D]. 阜新:辽宁工程技术大学,2010.

[158] 唐世斌,刘向君,罗江,等. 水压诱发裂缝拉伸与剪切破裂的
理论模型研究[J]. 岩石力学与工程学报,2017,36(9):
2124-2135.

[159] MA J,LI X L,WANG J G,et al. Experimental study on
vibration reduction technology of hole-by-hole presplitting
blasting[J]. Geofluids,2021,2021:5403969.

[160] HAO J C,REN L F,WEN H,et al. Experimental study of
gangue layer weakening with deep-hole presplitting blas-
ting[J]. Shock and vibration,2021,2021:4796500.

[161] ZHAO D,WANG M Y,GAO X H. Study on the technolo-
gy of enhancing permeability by deep hole presplitting
blasting in Sanyuan Coal Mine[J]. Scientific reports,
2021,11:20353.

[162] XU X D,HE M C,ZHU C,et al. A new calculation model
of blasting damage degree—based on fractal and Tie rod
damage theory[J]. Engineering fracture mechanics,2019,
220:106619.

[163] MA G W,AN X M. Numerical simulation of blasting-in-
duced rock fractures[J]. International journal of rock me-

chanics and mining sciences,2008,45(6):966-975.

[164] JAYASINGHE L B,SHANG J L,ZHAO Z Y,et al. Numerical investigation into the blasting-induced damage characteristics of rocks considering the role of in situ stresses and discontinuity persistence[J]. Computers and geotechnics,2019,116:103207.

[165] 张志呈,廖涛,陈晓玲.定向卸压隔振爆破对岩石的损伤破坏效应及其工程应用[J].岩石力学与工程学报,2015,34（增刊1）:3082-3086.

[166] 张志呈.定向卸压隔振爆破[M].重庆:重庆出版社,2013.

[167] 张志呈.工程爆破的控制[J].地下空间与工程学报,2013,9(5):1208-1214.

[168] 张志呈,韦家修,罗尧东,等.定向卸压隔振爆破在生产实践中的应用[J].爆破,2013,30(2):118-121.

[169] 张志呈,丁银贵,韦家修,等.定向卸压隔振爆破的减振效果[J].工程爆破,2012,18(2):93-96.

[170] 张志呈.定向断裂控制爆破机理综述[J].矿业研究与开发,2000,20(5):40-42.

[171] 张志呈,肖正学.岩石浅孔爆破的断裂控制方法[J].矿业研究与开发,2000,20(6):37-40.

[172] 张志呈.岩石爆破裂纹的起裂、扩展、分岔与止裂[J].爆破,1999,16(4):21-24.

[173] 张继春,李平,张志呈.聚能药包爆炸切割原理及其试验研究[J].爆炸与冲击,1991,11(3):265-272.

[174] 廖文旺.爆生气体作用下裂隙岩体裂纹扩展模式研究[D].长春:吉林大学,2019.

[175] ZHANG Z X,CHI L Y,QIAO Y,et al. Fracture initiation,gas ejection,and strain waves measured on specimen

surfaces in model rock blasting[J]. Rock mechanics and rock engineering,2021,54(2):647-663.

[176] ZHANG Z X,CHI L Y,YI C P. An empirical approach for predicting burden velocities in rock blasting[J]. Journal of rock mechanics and geotechnical engineering,2021,13(4): 767-773.

[177] ZHANG Z X. Kinetic energy and its applications in mining engineering[J]. International journal of mining science and technology,2017,27(2):237-244.

[178] PU C J,YANG X,ZHAO H,et al. Numerical investigation on crack propagation and coalescence induced by dual-borehole blasting[J]. International journal of impact engineering,2021,157:103983.

[179] YANG L Y,CHEN S Y,YANG A Y,et al. Numerical and experimental study of the presplit blasting failure characteristics under compressive stress[J]. Soil dynamics and earthquake engineering,2021,149:106873.

[180] 许来峥.焦作矿区深孔定向预裂割缝技术研究[J]. 能源与环保,2020,42(11):155-160.

[181] 王泽军.爆炸荷载作用下岩体裂纹扩展特性研究[D]. 北京:北京交通大学,2019.

[182] CHEN B B,LIU C Y,WANG B. A case study of the periodic fracture control of a thick-hard roof based on deep-hole pre-splitting blasting[J]. Energy exploration & exploitation,2022,40(1):279-301.

[183] 陈宝宝.钻孔充水承压固液耦合爆破岩体增裂机理研究[D].徐州:中国矿业大学,2019.

[184] CHEN B B,LIU C Y. Analysis and application on control-

ling thick hard roof caving with deep-hole position pres-
plitting blasting[J]. Advances in civil engineering, 2018,
2018:9763137.

[185] CHEN B B, LIU C Y, YANG J X. Design and application
of blasting parameters for presplitting hard roof with the
aid of empty-hole effect[J]. Shock and vibration, 2018,
2018:8749415.

[186] MENG N K, CHEN Y, BAI J B, et al. Numerical simula-
tion of directional fracturing by shaped charge blasting
[J]. Energy science & engineering, 2020, 8(5):1824-1839.

[187] 赵杰超. 煤层深孔聚能爆破致裂增透机制研究[D]. 北京:
中国矿业大学(北京), 2019.

[188] 粟登峰. 水射流割缝辅助岩石爆破定向致裂机理研究[D].
重庆:重庆大学, 2017.

[189] SU D F, ZHENG D D, ZHAO L G. Experimental study
and numerical simulation of dynamic stress-strain of direc-
tional blasting with water jet assistance[J]. Shock and vi-
bration, 2019, 2019:1659175.

[190] 粟登峰, 康勇, 王晓川, 等. 高压水射流螺旋式切槽辅助松动
爆破模型[J]. 东北大学学报(自然科学版), 2016, 37(12):
1778-1783.

[191] SU D F, KANG Y, LI D Y, et al. Analysis and numerical
simulation on the reduction effect of stress waves caused
by water jet slotting near blasting source[J]. Shock and
vibration, 2016, 2016:5640947.

[192] LI H C, ZHANG X T, LI D, et al. Numerical simulation of
the effect of empty hole between adjacent blast holes in
the perforation process of blasting[J]. Journal of intelli-

gent & fuzzy systems,2019,37(3):3137-3148.

[193] 陈勇,郝胜鹏,陈延涛,等.带有导向孔的浅孔爆破在留巷切顶卸压中的应用研究[J].采矿与安全工程学报,2015,32(2):253-259.

[194] XU P,YANG R S,GUO Y,et al. Investigation of the interaction mechanism of two dynamic propagating cracks under blast loading[J]. Engineering fracture mechanics,2022,259:108112.

[195] CHEN C,YANG R S,XU P,et al. Experimental study on the interaction between oblique incident blast stress wave and static crack by dynamic photoelasticity[J]. Optics and lasers in engineering,2022,148:106764.

[196] DING C X,YANG R S,XIAO C L,et al. Directional fracture behavior and stress evolution process of the multi-slit charge blasting[J]. Soil dynamics and earthquake engineering,2022,152(4):107037.

[197] 苏洪,龚悦,杨仁树,等.爆炸荷载作用下预裂缝宽度对裂纹扩展的影响[J].中国矿业大学学报,2021,50(3):579-586.

[198] YANG R S,ZUO J J. Experimental study on directional fracture blasting of cutting seam cartridge[J]. Shock and vibration,2019,2019:1085921.

[199] 杨仁树,苏洪.基于动态焦散线实验的护壁药包机理研究[J].中国矿业大学学报,2019,48(3):467-473.

[200] 杨仁树,左进京,李永亮,等.不同切缝管材质下切缝药包爆炸冲击波传播特性研究[J].中国矿业大学学报,2019,48(2):229-235.

[201] 杨仁树,杨国梁,高祥涛.定向断裂控制爆破理论与实践[M].北京:科学出版社,2017.

[202] 彭松. 切缝管狭缝聚能效应铅管模拟与隧道爆破试验研究[D]. 长沙：长沙理工大学，2017.

[203] YANG R S, DING C X, LI Y L, et al. Crack propagation behavior in slit charge blasting under high static stress conditions[J]. International journal of rock mechanics and mining sciences, 2019, 119: 117-123.

[204] 王海钢. 沿空留巷聚能爆破坚硬顶板弱化机理研究及应用[D]. 徐州：中国矿业大学，2019.

[205] WANG Y B. Study of the dynamic fracture effect using slotted cartridge decoupling charge blasting[J]. International journal of rock mechanics and mining sciences, 2017, 96: 34-46.

[206] 王树仁，魏有志. 岩石爆破中断裂控制的研究[J]. 中国矿业学院学报，1985，14(3): 118-125.

[207] YUE Z W, YANG L Y, WANG Y B. Experimental study of crack propagation in polymethyl methacrylate material with double holes under the directional controlled blasting[J]. Fatigue & fracture of engineering materials & structures, 2013, 36(8): 827-833.

[208] 岳中文，田世颖，陈志远. 炮孔间距对切缝药包爆生裂纹扩展规律的影响[J]. 岩石力学与工程学报，2018，37(11): 2460-2467.

[209] 中国航空研究院. 应力强度因子手册[M]. 增订版. 北京：科学出版社，1993: 251-255.

[210] 于骁中. 岩石和混凝土断裂力学[M]. 长沙：中南工业大学出版社，1991: 230-278.

[211] 邱崇光，吕运冰，张汉兴. 岩石混凝土断裂力学[M]. 武汉：武汉工业大学出版社，1991.

[212] 邹友峰,柴华彬.开采沉陷的相似理论及其应用[M].北京:科学出版社,2013.

[213] 崔广心.相似理论与模型试验[M].徐州:中国矿业大学出版社,1990.